柔性传感材料及其结构应变监测

Flexible Sensing Material and Its Structural Strain Monitoring

罗健林　高乙博　钟国麟　周晓阳　张纪刚　崔爱琪　马明磊　著

中国建筑工业出版社

图书在版编目（CIP）数据

柔性传感材料及其结构应变监测＝Flexible
Sensing Material and Its Structural Strain
Monitoring/罗健林等著．—北京：中国建筑工业出
版社，2024.7. — ISBN 978-7-112-30174-4

Ⅰ. TP212.04

中国国家版本馆 CIP 数据核字第 2024QA9073 号

　本书着重介绍了柔性传感材料及其结构应变监测的发展概况、压阻/压电型应变传感材料研制与智能性能分析、锌基压电/压阻复合传感器材料研制与智能性能分析、静动态双模式柔性智能应变传感器组装及传感器性能分析、微带贴片天线应变传感器制作、模拟仿真及基于天线传感器结构复杂应变监测效能，系统评价基于柔性传感器件对复杂结构随形监测、多向应变感知效能、脱粘缺陷检测及应变劣化预警可行性，实现基于多模式柔性传感器件对复杂结构劣化主动预警效能。

　　本书可供从事智能材料研发、生产单位以及结构应变监测开发企业工程技术人员阅读参考，也可以作为高等院校土木工程、防灾减灾与防护工程、材料科学与工程、电子与通信工程专业的本科生和研究生教学与参考用书。

责任编辑：张　瑞　万　李
责任校对：姜小莲

柔性传感材料及其结构应变监测
Flexible Sensing Material and Its Structural Strain Monitoring
罗健林　高乙博　钟国麟　周晓阳　张纪刚　崔爱琪　马明磊　著

*

中国建筑工业出版社出版、发行（北京海淀三里河路 9 号）
各地新华书店、建筑书店经销
北京龙达新润科技有限公司制版
建工社（河北）印刷有限公司印刷

*

开本：787 毫米×1092 毫米　1/16　印张：10¼　字数：251 千字
2024 年 10 月第一版　　2024 年 10 月第一次印刷
定价：**40.00** 元
ISBN 978-7-112-30174-4
（43023）

前　言

　　柔性应变传感器在人机交互、运动监测、智能机器人和电子皮肤等结构监测领域得到应用。而 SHM 信号的复杂程度对柔性应变传感器的应用产生了挑战。压阻式传感器的作用体现在对于静态荷载的快速准确检测；压电式传感器则响应迅速，适用于动态信号的快速准确检测。双模式传感器将压阻传感机理与压电传感机理相结合，将有效改善单模传感器的性能，使其能够实现静、动态信息的双模式感知，实现更多信息的同步采集。另外，天线传感器作为天线和传感单元的统一体，具有体积小、结构简单、无须供能、应变灵敏度高、测试结果准确、易于结构表面共形、兼具收发信号和传感功能的特点，在 SHM 无线测量领域的应用潜力也逐渐凸显。研究者多采用传统方法实现引入结构，但普遍存在操作复杂、成本高、重复性差等问题，因而如何简化微结构的制作，利用现有的材料进行微结构的设计非常重要。研究者们通过优化选材、精巧结构设计、性能提升等综合手段制备了一种具有静/动态双模式感知功能的柔性传感器，围绕功能材料处理方式以及压阻功能材料含量对传感性能的影响展开测试，以选择性能相对最优的双模式传感器，在 SHM 中实现全频域监测。

　　本书是在国家自然科学基金项目"面向海水冷却塔结构的纳米水泥基热电超材料及其智能阴极保护与劣化自监测机制"（No. 51878364）、山东省自然科学基金面上项目"面向海工结构修补用纳米智能砂浆及低碳修补防护与电化学除盐同步实现机制"（No. ZR2023ME011）、山东省"土木工程"一流学科及山东省"高峰学科"建设学科等持续资助下研究编撰完成的。作者对上述科研项目与学科平台的资金支持表示衷心感谢。

　　柔性传感器件由于与结构随形和应变感知能力高而得到持续关注。同时在多孔 CNT 烧蚀骨架和 PVDF 薄膜的基础上结合柔性高分子材料可组装成性能良好的双模式柔性传感器件，进而实现对复杂异形结构实现监测与全频域健康监测。现有的双模传感器存在以下局限性：体积大，柔性差，弹性体传感层的机械强度低、易分离，进而难以同时具备高灵敏度和高柔韧性。微结构的设计是提高传感器灵敏度最可行的方式，这里，通过微波烧蚀碳纳米管（CNT）纤维布制备多孔 CNT 烧蚀骨架，并与极化处理的 PVDF 薄膜组装成双模式柔性传感器，所得传感器具有优异的静态压阻性能和动态响应性能，实现 SHM 的全频域监测；$0°\sim180°$ 的弯曲范围使其具备较高的随形能力，可满足结构复杂应变监测的需求；压阻层独特的多孔 CNT 烧蚀骨架结构使得双模式传感器的压阻传感性能得到了大幅提升，PVDF 压电层输出电压峰值与压强表现出相关性，在不同加载速度、幅值下均有良好的应变感知能力；在复杂应变测试中传感器跟随测试面灵活变形，所得双模式传感器具有较高的随形能力和静/动态双模式信号同步感知能力。将具有压阻性能的 CNT 薄膜与具有压电性能的纳米氧化锌（ZnO）薄膜复合形成夹层式复合型薄膜传感器，分析了其在不同荷载类型、幅值下压电、压阻等静动态应变感知效能。将经电磁仿真尺寸优化的微带贴片设计成天线传感器，通过测试该天线传感器的电磁学参数——谐振频率、输入阻抗及 S_{11} 等参数的变化来实时反映其贴敷结构表面产生的双向应变，并有效向外发射传输，实现对结构的复杂应变监测效能。本书可供从事智能材料研发、生产单位以及结构监测开发企业工程技术人员阅读参考，也可以作为高等院校土木工程、材料科学与工程、电子与通信工程专业的本科生和研究生教学与参考用书。

在本书撰写和科研过程中，崔爱琪、袁士柯、李治庆、陶雪君、滕飞、朱夏彤等同学先后做了大量的工作，哈尔滨工业大学段忠东教授、刘铁军教授、肖会刚教授，兰州大学张强强教授，大连理工大学韩宝国教授，青岛农业大学李秋义教授，济南大学侯鹏坤教授，青岛理工大学金祖权教授、王鹏刚教授、高嵩教授在本书的编撰过程中给予积极正面评价，并提供了许多宝贵指导意见，在此对他们表示诚挚的谢意。由于作者的水平有限，书中难免有疏漏、不当之处，敬请同行和广大读者批评指正。

罗健林

2024 年 1 月于青岛

目　　录

第1章 绪 论

1.1 结构监测意义

  根据世界经济论坛的数据，土木工程行业在全球拥有超过 1 亿的就业人数，占全球 GDP 的 6%。更具体地说，它约占发达国家国内生产总值（GDP）的 5%，在发展中经济体占 GDP 的 8%。改革开放以来我国的工程结构行业经历了一个高速发展的过程，截至 2022 年我国土木工程行业总产值达 31.2 万亿元，增加值占 GDP 的比重达到 7%。各种大跨度桥梁、隧道、高层建筑及水利设施等土木基础设施建设是确保国民经济繁荣发展的重要基础。大型工程结构的服役年限通常长达几十甚至上百年，然而大型工程结构在建造过程中易受施工工艺等技术措施的限制，在服役过程中又会受到外界环境的侵蚀，以及材料自身性能随时间增长逐渐降低等各方面因素影响，多种因素的综合作用使工程结构载荷能力、耐久性、耐腐性、抗疲劳等性能逐渐降低。若不能及时发现并对其进行维护，一旦发生倒塌，将会造成重大经济损失和人员伤亡。因此，为确保人员安全、减小经济损失、提高大型工程结构的防灾减灾能力，需对结构健康状况进行监测和评估来指导维修及养护工作。

  结构健康监测（Structural Health Monitoring，简称 SHM）是利用现场传感系统和相关分析技术来监测结构的行动及性能（结构可操作性、安全性和耐久性）。在所有操作条件下，利用先进的数据分析技术，如基于人工智能的智能数据分析确定结构特征参数和损坏状况，在超出监测性能标准时及时发出警报，进行工程结构性能评估和损坏预测后，进行 SHM 等级和工程结构寿命预测，并对工程结构维修、改造和更换等干预措施提供决策支持。

1.2 结构应变监测技术研究现状

1.2.1 结构监测传感技术研究现状

  SHM 已广泛应用于航空航天、土木工程、机械工程等领域。通过在结构内部植入或表面布置传感器阵列，采集结构在服役过程中的各种参数（如应变、裂纹、温度等）的动态响应数据，实时监测结构体系随时间推移所产生的变化，并对损伤敏感的特征值进行提取分析，从而评估结构的疲劳寿命、裂纹尺寸、应力应变分布等，以确定结构的健康状态。现有的 SHM 传感技术有很多，比如最常见的带金属箔应变片的信号采集仪，但其需要在结构上布置冗长的电缆以保证供电信号和数据采集，使得布设成本过高。其他传感技术，比如超声波探伤、光纤传感、压电传感等技术，都有着各种局限性，包括：（1）对动态信号敏感性差，造成检测信息的丢失；（2）造价高，耐久性差；（3）部分需埋入结构中，成活率低，与结构相容性差；（4）对微小应变分辨率低；（5）刚度大，脆性高，在弯曲处或狭窄工作面不能与结构紧密贴合，然而现有的柔性应变片，虽有较好的随形能力，但灵敏度较差，很难兼顾高柔韧性和高灵敏度等。

1.2.2 结构应变监测技术研究现状

结构应变监测技术是 SHM 的重要组成部分。目前，结构应变监测技术的研究主要集中在以下几个方面：

（1）基于电阻应变片的监测技术：电阻应变片组合信号采集仪是一种常用的结构应变监测技术。它通过将应变片粘贴在结构表面，当结构发生变形时，应变片会感应到应变并输出相应的电阻变化。通过采集仪测量电阻变化，可以计算出结构的应变。这种技术具有测量范围广、精度高、稳定性好等优点，但需要复杂的信号处理和传输系统，以及专业的安装和维护。

（2）基于光纤传感器的监测技术：光纤传感器是一种利用光纤作为传感元件的传感器。它通过将光纤埋入结构中或粘贴在结构表面，当结构发生变形时，光纤的传输特性会发生变化。通过光纤解调仪测量这种变化，可以计算出结构的应变。这种技术具有抗干扰能力强、稳定性好、耐腐蚀等优点，但需要复杂的安装和维护，以及高成本。

（3）基于超声波检测的监测技术：超声波检测是一种利用超声波在结构中传播的特性来检测结构应变的无损检测技术。它通过将超声波发射到结构中，并接收反射回来的超声波信号，通过软件分析信号的变化，可以确定结构的应变。这种技术具有非接触、无损、高精度等优点，但需要专业的操作人员和复杂的设备。

（4）基于无线传感网络的监测技术：无线传感网络是一种利用无线通信技术将多个传感器连接起来形成网络，实现对结构应变的实时监测。这种技术具有灵活性、可扩展性、自组织性等优点，但需要解决无线通信的可靠性和稳定性问题。

结构应变监测技术的研究在不断发展和完善中。未来，随着技术的进步和应用需求的不断提高，结构应变监测技术将朝着更加智能化、高效化、无损化的方向发展。

1.3 传统应变传感器研究现状

为了评估结构的服役状态和使用寿命，国内外的科研人员对应变传感器进行了深入的研究。常用的应变监测传感器主要包括表面电阻应变片、光纤光栅传感器、压电传感器和压阻式传感器。

应变片的测量技术已经十分成熟且应用广泛。应变片由敏感栅合金、基底、胶粘剂及覆盖层组成，它能把受到的外界刺激、拉伸或压缩等力学变形转换成电信号，从而来监测结构的应变。Ozbek M 等利用应变片监测了海上风力发电机涡轮机的应变变化情况。美国 F-35 上就配备了电阻应变片以测量其连接接头或者关键承力部件等重要部位在飞行过程中的应变。Gao 等提出了一种分流结构，分流结构利用金属箔应变片测量大动态应变并且不产生疲劳破坏，用静态和动态的拉伸及弯曲载荷实验，验证了该结构分流比的稳定性，并且还分析了复合载荷下的应力集中和分离比。Dos 等提出了一种自诊断应变传感器，该应变传感器基于全电阻应变计惠斯通电桥，实验结果表明该方法可应用于 SHM 自诊断传感器场景。但是应变计具有布线复杂、灵敏度较低的缺陷。

光纤光栅（Fiber bragg grating，FBG）传感器是一种通过一定方法使光纤纤芯的折射率沿纤芯轴向发生周期性变化而形成的衍射光栅。光纤光栅传感器的传感原理是它能够反射特定波长的光，结构的应力应变等引起的光纤光栅形变会改变反射波长，所以可以通过测试反射波长的变化得到应变大小。光纤传感器具有一定的可靠性，优点包括抗电磁干扰、重量轻、体积小、带宽大、易于埋入结构。Gasior P 等提出了一种在缺陷容器中的位移和应变测量方法，解决了构建高效的复合材料高压 SHM 系统的难题。Barrias A 等提出了一种分布式光纤传感器，探讨了光纤监测系统在两种不同材料（砌体和混凝土）上的应用，并且讨论了在土木工程领域中，光纤传感器的应用。Wu 等提出了一种新的传感概念超声诱导布拉格光栅，讨论了传感器背后的理论基础和实际应用性能。光纤光栅传感器在监测结构应变过程中，需要专门的解调设备将自身感知的光信号转变为电信号，现有的设备普遍造价昂贵而且重量很大。贾相飞研究了基于聚合物光纤的超大应变测量，对传感器的稳定性、迟滞性、重复性等各项性能进行了很详细的实验分析。沈小燕进行了光纤光栅传感器扩大应变传感范围的研究，最终获得了 20% 以上的应变测量范围，以梯形应变结构的应变传感灵敏度模型为指导，设计了拥有更大量程的脚插式、横夹持式和竖夹持式的梯形结构的光纤光栅大应变传感器试样。

压电传感器（Piezoelectric transducer）利用压电材料所具有的压电效应，能实现电能和机械能之间的可逆转化，是 SHM 中应用非常广泛的一种传感器。压电材料可以因机械变形产生电场，也可以因电场作用产生机械变形，这种固有的机—电耦合效应使得压电材料在 SHM 中得到了广泛的应用。锆钛酸铅压电陶瓷的材料成本较低、可靠度高，是研究和应用最广泛的压电材料。Narayanan 等研究了压电陶瓷贴片在压缩载荷下的阻抗响应。Du 等提出了用压电陶瓷传感器监测冲击过程中结构产生的复杂内应力。实验结果表明，在冲击载荷的作用下，压电智能陶瓷实现了智能化监测钢管中不同位置的压应力，验证了利用压电智能骨料监测结构内应力的可行性。Kong 等用压电陶瓷传感器监测水泥水化过程，实验结果显示了利用纵波和横波进行测距，各种参数如接收信号的强度、有效监测周期和有效频率的不同。压电传感器具有制备工艺简单、体积小、重量轻、频响高、稳定性好、工作可靠及寿命长等特点，但压电传感器不能用来监测结构静态应变。由于压电传感器压电效应产生的电荷信号的保存和测量难度大，所以压电传感器不适合静态长期测量，只适合于动态测量。压电材料的脆性较大，所以压电片容易受到损坏。

压阻式传感器利用了电阻的应变效应，原理是在外加应力下导电材料会发生形变，引起电阻值发生改变。美国学者 Chung 等关注 CF 电阻与应力间的耦合关系，将其作为导电填料掺入混凝土中，开发了本征功能性的智能混凝土。Jabir S 等探讨了厚膜压阻式传感器在建筑上的应用，将压阻式传感器像金属箔应变片一样用于两种不同的建筑材料黏土和混凝土上。Fu 等研究了水泥基的压阻性，研究发现如果在混凝土中掺杂碳纤维材料，不仅可以完成钢筋混凝土结构的非破损检测，还可以应用在结构道路交通检测，进一步探究了水泥基在静、动载荷条件下电阻率变化和结构损伤变化之间的关系。Chu 等将添加混凝土中的碳纤维作为结构损伤探测的组件，测试电阻率的变化与结构损伤之间的关系，并将电阻率测试结果与超声探测结果进行对比，证明了结构损伤智能监测的良好效果。Han

等在水泥基中复掺镍粉，并研究水泥基复合材料的压敏特性，研究结果表明，复合材料的电阻率表征法具有较高灵敏度，电阻率与载荷大小成反比。姚嵘等研究了粉煤灰的掺量对碳纤维水泥基材料的自感知性能的影响，实验测试两种长度不同掺量的不同机敏水泥砂浆体系，碳纤维长度为 5mm 掺量为 0.5% 和碳纤维长度为 10mm 掺量为 0.9% 两种体系。实验结果表明，单掺硅灰并没有提高纤维砂浆的抗压强度，且掺量越多，抗压强度下降得越厉害，细小的硅灰颗粒填充在纤维中间可以提高碳纤维的分散性，对材料的压敏性并不会有帮助。哈尔滨工业大学、香港理工大学、同济大学等高校院所都对压阻式传感器进行了开发和研究。压阻式传感器有较大的测量量程，具有较好的温度稳定性、灵敏度较高、响应时间短、迟滞小等优点，但是其空间分辨率比较低。

1.4 柔性应变传感器研究现状

柔性传感材料可以适应结构的变形和弯曲，保持与结构的紧密贴合。它们具有较高的可延展性，可以适应较大的应变范围，而不会影响测量精度。而无线传感材料可以实现无线数据传输，避免了传统有线传输方式可能受到的限制，如布线困难、成本高昂等。无线传输可以方便地实现结构应变的实时监测和远程监控。

柔性传感材料和无线传感材料可以容易地与结构集成，如通过粘贴、嵌入或缝合等方式。这使得它们易于安装和维护，降低了监测系统的复杂性。对于长期监测应用，耐腐蚀和抗老化是关键性能指标。柔性传感材料和无线传感材料通常具有良好的耐腐蚀性，能够抵抗环境因素的影响，保持长期稳定的监测性能。相对于传统的结构应变监测技术，柔性传感材料和无线传感材料通常具有较低的成本。这使得它们在大型结构中得到广泛应用成为可能。

柔性应变传感器按传感机理大致可分为压阻式、压电式、电容式三类。压阻式柔性应变传感器利用了材料的压阻效应，压阻材料之间的距离发生变化，促使材料的电阻率发生变化，即将作用在材料上的外部荷载、变形转换为电阻信号。压阻传感机制是应用最为广泛的一种传感机制，具有成本低廉、工艺简单、电阻变化大、灵敏度高、检测范围广、可直接测量、能耗低等特点。但也存在信号漂移和滞后等问题。

压电式柔性应变传感器则基于材料的压电效应，当材料受外力作用产生拉伸、压缩、弯曲等变形时，内部阳离子和阴离子间的相对位移导致的微米级的偶极矩，材料内部发生极化，顶部电极和底部电极间产生电势差，称为"压电势能"，宏观上表现为电压随外力的变化。压电式应变传感器具有自驱动、响应快、对动态信号敏感、可检测瞬态力变化等优势，但压电传感信号微弱，不能有效检测静态信号，难以反映物体最终的应力应变状态。

电容式柔性应变传感器通常由两个平行极板和极板间的电介质组成，其传感性能主要来自于电介质材料厚度发生变化时引起的相应电容值的变化。因此在很大程度上电介质材料的可压缩性对传感器的灵敏度有影响。电容式传感器具有更高的线性度、更小的磁滞和更快的响应时间，但其工艺较为复杂，而且由于电容式传感器的初始电容很小，很容易受到测量电路与周围导体构成的随机变化的寄生电容的影响，致使电容传感器工作稳定性降低。

综上所述，柔性传感材料和无线传感材料在结构应变监测方面具有独特的优势，能够满足现代 SHM 的需求。随着技术的不断进步，这些材料在结构应变监测中的应用将得到进一步发展和推广。

1.4.1 压阻式应变传感器研究现状

1. 压阻式应变传感器传感机理

压阻效应是一种机械能与电能间的转换机制，实现了能量与信号间的转换，表现为传感材料在外力作用下电阻率或电阻的变化。自 1856 年凯尔文首次发现金属的阻抗在施加机械负荷时发生变化。再到 1954 年 Smith 研究硅和锗的电阻率与应力变化的特性，发现了高度的压阻效应。各类压阻材料相继出现，压阻传感材料如金属、半导体、纳米复合材料等材料特性不同压阻机制也有所不同。

金属压阻应变器的工作机制在于外力作用时刺激金属材料几何尺寸的变化导致电阻的变化，Fiorill 等对金属压阻材料的灵敏因子（GF）进行了公式推导：

$$GF = 1 + 2v + \frac{1}{\varepsilon} \frac{\mathrm{d}\rho}{\rho} \tag{1-1}$$

式中　v——几何系数；

ε——电场强度；

$\dfrac{\mathrm{d}\rho}{\rho}$——电阻率变化率。

材料本身的电阻率变化几乎可以忽略不计，金属材料的压阻效应基本上是一种几何效应。这使得金属压阻应变传感器 GF 较低，往往小于 10。

半导体材料受到外力作用时晶体结构产生变形，晶格参数发生变化，从而对电子能带结构产生影响。如图 1-1 所示以 Si 为例，当 Si 受到压缩时，沿应力方向最小能级变低，而其他方向上的最小能级则变高，外力的作用打破了最小能级间的等价关系，为使自由能最小，电子朝着较低的最小能级处迁移，电子迁移率降低，表现为电阻率的增大。

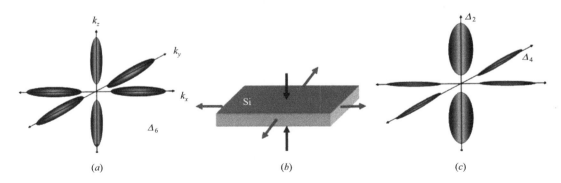

图 1-1　半导体材料变形时的电子能带结构情况

（a）无应变时，沿三个不同方向的六个能级是相同的；（b）压缩应变下的 Si 示意图；
（c）在压缩应变下能级的变化，电子倾向于往较低的 Δ_2 迁移，而不是较高的 Δ_4

纳米复合材料的导电机理较为复杂，较为经典的导电理论有渗滤理论、隧道效应理论以及有效介质理论。渗滤理论认为复合材料中导电填料浓度达到渗滤阈值时，导电粒子搭接形成连续的导电通路即渗滤网络，复合材料表现出电导性。渗滤理论假定，当导电粒子相互接触或粒子间距离小于 1nm 时才存在导电通道，但有学者研究发现粒子间隙大于 1nm 时电导性仍存在。这可以由隧道效应理论解释，隧道效应理论认为低浓度的导电填料浓度较低，在复合材料中仍有导电通道存在，但不是产生电导性的主要诱因，而是电子在导电粒子间的跃迁引起的。渗滤理论主要从导电填料浓度对电导性的影响作出了解释，有效介质理论则认为，材料的导电行为与导电填料和基体都有关，以及导电粒子形态和分布等因素对复合材料性能的影响。每种理论都有其适用范围，渗滤理论更适用于导电填料浓度接近渗滤阈值附近的区域，隧道效应理论则只能在导电填料的某一浓度范围内对复合材料的导电行为进行分析，而有效介质理论更适合用于填料浓度很小的情况。

因此纳米复合材料的压阻机制主要有以下几种：（1）外力作用时导电填料结构发生变化导致电阻变化。Ruoff 等人首先研究了相邻碳纳米管（CNT）之间的横向变形导致 CNT 的固有电阻的增加和 CNT-CNT 结隧穿电阻的降低，并在交叉 CNT-CNT 结的透射电子显微镜（TEM）图像中观察到了由于范德华力导致的 CNT 部分变平。Gong 等通过三维 CNT 渗透模型研究发现 CNT 的径向变形对 CNT 聚合物复合材料的电阻率有显著影响。（2）渗滤网络的变化，包括导电网络结构的变化和导电粒子间距离的改变（导电通路的破坏与重建）。党智敏等人系统地分析了内部导电通路的断裂和修复对多壁 CNT（MWNT）/甲基乙烯基硅橡胶复合膜在外部压力下的电阻的影响。（3）导电填料间距的改变诱发隧穿效应。Yin 等人发现 MWNT-7/环氧树脂的电阻与应变的关系是高度非线性的，而 MWNT-7 自身的变形可以忽略不计，由于施加的应变，如图 1-2 所示 CNT 间距离由 d 增加到 d' 时，隧道电阻 R_t 呈指数增加。因此传感器的总电阻以非线性方式增加。

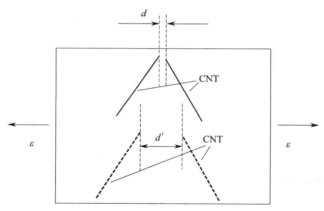

图 1-2　MWNT-7/环氧树脂传感器工作机制

2. 压阻式应变传感器纳米微结构研究

嵌入纳米导电填料的纳米复合材料因具有成本低、易于获得、性能可调等特点被广泛应用于柔性压阻传感器，但由于聚合物基体应变弛豫、应力蠕变现象，传感器的灵敏度、线性度、稳定性等传感指标难以同时兼具。近年来，对于提升传感器性能的研究主要集中于优化传感功能材料和构筑纳米级微结构两方面。通过微结构设计可极大提升传感器性能，相较于对功能材料进行改性更为高效、简洁，通过模具转印、层压、刻蚀、拉伸弯曲、磁场诱导、诱导生长等简单工艺使传感功能层呈现微纳结构，在外力作用时结构中单体及单体间尺寸、间距产生变化，通过调整微结构参数可有效调整传感器性能。目前较为常见的微结构有阵列式、裂纹式、波纹式、网格式、仿生式等形式，对此国内外学者获得了大量研究成果。

（1）阵列式微结构

阵列微结构传感器功能层是基于外界压力作用时对传感器功能层间接触面积的改变来影响传感器的电阻，功能层阵列化后较平面功能层具有更大的接触面积，同时具有阵列微结构的功能层等效弹性模量低于平面功能层，因此提高了功能层在低压区的变形能力，进而提高传感器低压区灵敏度。Stanford University（斯坦福大学）的鲍哲南团队于 2010 年首次将微结构设计引入电容式传感器的设计中，首先在硅片模具表面光刻微米级金字塔结构，再利用 PDMS 转印复制微结构，然后上覆 ITO/PET 膜并模压成型，微结构化的传感器灵敏度较非结构化传感器提升 30 倍，响应时间缩短至毫秒级，在低压区表现出灵敏的感知，能够检测到传感器上苍蝇的爬动。

此后，韩国的 Ko 团队将微结构设计思路引入压阻式传感器的设计中，如图 1-3 所示，

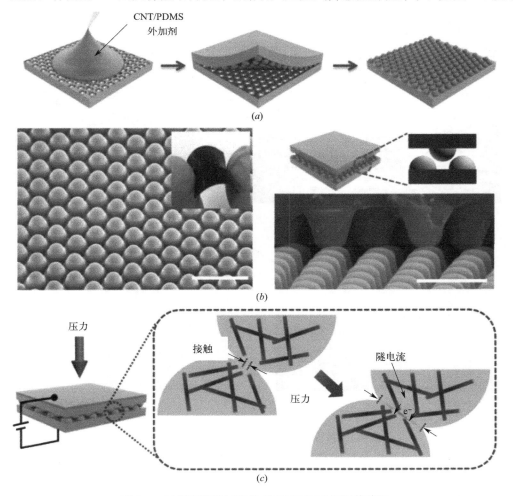

图 1-3 互锁阵列微结构的 CNT/PDMS 压阻传感器
（a）制备流程；（b）微结构；（c）工作示意图

利用 MWNT/PDMS 复合材料转印硅片模具的球状微结构，作为压阻传感功能层，该传感器在 0～0.5kPa 低压区灵敏度为 15.1kPa^{-1}，并在 0.04s 内快速响应。

自阵列式微结构提出以来，金字塔式、球式、圆柱式、管状等结构形式先后出现，大幅提升了传感器的灵敏度。但研究发现微结构的数量和尺寸对传感器的灵敏度有显著影响，Park 等人设计了具有圆柱阵列的 MWNT/PDMS 压阻传感器，圆柱间距为 10μm，传感器灵敏度为 22.8kPa^{-1}，高于间距为 15μm 和 20μm 的传感器；直径 5μm 圆柱传感器的灵敏度分别是 7μm 圆柱和 10μm 圆柱的 2 和 11 倍。另有研究表明微结构阵列在使用过程中突起的微结构会逐渐扁平，致使传感灵敏度降低。同时制备时多次转印会使具有阵列微结构的模具产生磨损，阵列微结构精度下降；而通过层压引入微结构的传感器刚度相对较大，致使传感层与基层间机械稳定性差。

（2）裂纹式微结构

2014 年，韩国的 Kang 等人受蜘蛛狭缝器官几何形状的启发，首次研制出基于纳米裂纹的超灵敏应变传感器，相较传统金属应变片灵敏度提升了 3 个数量级。纳米裂纹通常可分为通道裂纹和网络裂纹，通道裂纹多具有锯齿状边缘或重叠状边缘，网络裂纹多呈互联的岛状。研究人员对裂纹式微结构传感器的传感机制有多种解释。

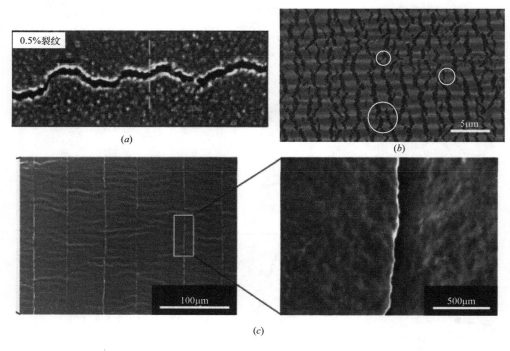

图 1-4　裂纹式微结构示例
（a）锯齿状通道裂纹；（b）网络裂纹；（c）重叠状通道裂纹

如图 1-4（a）所示锯齿状通道裂纹具有锯齿状边缘的裂缝，在外力作用时，裂纹重新断开或连接，即导电通路的断开和形成，这种变化的总体效果是传感器电阻的变化，但当外力超过一定阈值时，裂纹间全部断开没有新的连接形成，此时传感器因无法导电而失效。在裂纹边缘重叠状通道裂纹部分重叠在一起，其传感机制可以用重叠模型和隧穿模型来解释，在外力作用时，重叠部分分离或靠近，隧穿距离减小或增大，从而导致电阻的变化。传感器压缩过程电阻变化主要受重叠机制的影响。而拉伸过程的电阻变化机制较为复杂，Yang 等在 PDMS 基底上溅射 Au 层，通过预拉伸制得具有重叠状通道裂纹的功能层，当拉伸应变 0.3％时，裂纹仍有部分重合，此时电阻主要受重叠电阻的影响；随着应变进一步增大，重合部分的接触逐渐断开，导电通路被切断，从完全重叠到完全断裂的过程中，电子可以通过通道裂缝边缘相对接近的一对对台阶产生隧道效应，因此应变在 0.5％～1％时传导机制主要归结于隧道效应；在 0.3％～0.5％时，传感器电阻受重叠机制和隧穿机制的双重影响。

Kang 等锯齿状裂纹传感器 *GF* 虽高达 2000，但传感范围仅有 2％左右，而网络裂纹传感器则可以承受较大的变形。网络裂纹传感器的传感机制与锯齿状通道裂纹类似，但相较而言在网络裂纹中裂纹相互间具有更多的连接 ［图 1-4(*b*)］，这使得结构承受大变形时可以避免导电路径断裂引起的传感器失效。

（3）波纹式微结构

波纹式微结构对传感器灵敏度的提升机制与阵列状微结构类似，是基于阵列微结构制作复杂、成本高等不足提出的一种简便、廉价的有效增大功能层接触面积的方式。通过弹性体张拉、回缩和对粗糙表面（砂纸、纺织物等）转印等方式使功能层表面呈现波纹或褶皱状，经这些方式制作的波纹式微结构传感器大多具有突出的柔韧性和微尺度上丰富的突起，因此受到广泛关注。但同时也存在随使用时间的增长褶皱展开、凸起扁平等导致的传感器灵敏度降低的问题。

（4）网络式微结构

网络式微结构的获得方式可分为模板法和生长法，模板法即将功能材料包覆在多孔材料上，以泡沫、凝胶、纺织物等多孔材料为模板，除去或保留多孔材料模板得到功能材料网络骨架（图 1-5、图 1-6）。

Zhu 等以 PS 微球为模板制备了中空 MXene 球体/RGO 复合气凝胶基压阻传感器。Pang 等以泡沫镍为模板，采用化学蚀刻法制备了一种石墨烯多孔网络（GPN）/PDMS 传感器。Han 等采用微波烧蚀法以棉织物为模板制备了一种 CNT/PDMS 多孔骨架传感器。Tian 等采用方糖、rGO 溶液和 PDMS 制备了一种蜂窝状石墨烯网络（HGN）的传感器。Zheng 等则利用 rGO 浸渍纺织物来制备网络骨架传感器。另一种生长法即直接合成多孔功能材料骨架，如 Cui 等通过化学气相沉积制得一种多孔 CNT 海绵，将 Ar/H_2 作为载气与碳源混合，推入反应区后催化 CNT 生长，交织在一起的 CNT 随气流波动，沉积在位于反应区域后的石英舟上聚集成 3D 宏观多孔 CNT 海绵；如图 1-7 所示，Hou 等采用的方法与 Cui 类似，差别在于铜—邻苯二酚纳米线（Cu-CAT）生长骨架采用碳化纳米纤维骨架（CNFNS）静电纺丝制成；Hu 等则利用镀镍石墨（NCG）的磁性通过磁场诱导 NCG 纤维的分布来构建 NCG 网络。

网络式微结构传感器在外力作用时依靠网络骨架断裂重组、网络骨架孔隙大小的变化引起传感功能层电阻的变化，高灵敏度则来自于小应变时网络骨架结构的显著变化。这种网络骨架通常具有较高的柔韧性，在大变形时也可保持导电路径的完整，而且封装弹性体可穿过网络骨架缝隙与网络骨架相互交织，保证传感器在外力作用时有足够的机械稳定

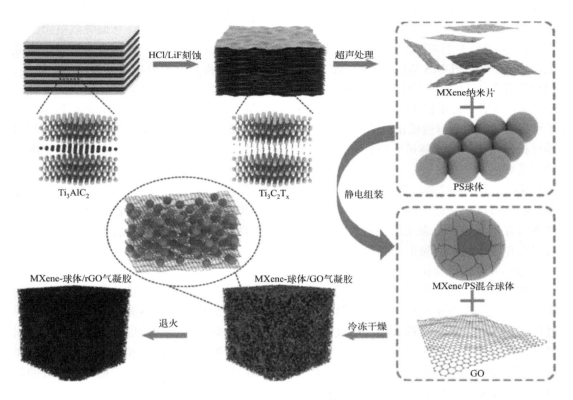

图 1-5 MXene 球体/RGO 复合气凝胶基压阻传感器（去除模板）

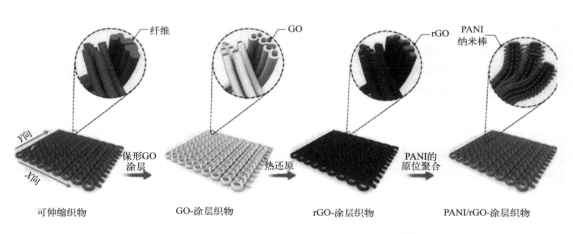

图 1-6 rGO/纺织物网络骨架传感器（保留模板）

性，避免了由于传感功能层与柔性纤维布基体间或与弹性体间由于力学性能等的差异，发生分离导致传感器的机械稳定性差的问题，因此网络式微结构在柔性传感器领域具有很大的应用优势。

（5）仿生式微结构

经过漫长的进化，天然生物材料有着近乎完美的结构形式，研究人员以各种天然生

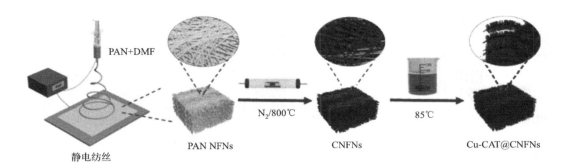

图 1-7 静电纺丝制备碳化纳米纤维骨架（CNFNs）作为
铜—邻苯二酚纳米线（Cu-CAT）的生长基底制作网络骨架

物材料为灵感创新传感器微结构的形式。如裂纹式微结构最早是模仿蜘蛛腿部关节的狭缝结构出现的。Liu 等以莲藕的纤维强化多孔结构为灵感提出了一种大应变和高灵敏度的压阻应变传感器，传感层为单壁 CNT（SWNT）—氧化石墨烯（GO）混合薄膜，如图 1-8 所示在大应变时 SWNT 模仿连接断裂莲藕的纤维起到连接 GO 岛的作用，较纯 GO 薄膜有更高的拉伸性能，能保持 100％的应变持久稳定性超过 1000 个循环，同时 GF 高达 2000。

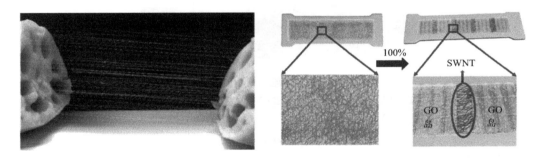

图 1-8 以莲藕结构为灵感的大变形应变传感器结构示意图

毛细胞是一种感受机械波刺激的感觉上皮细胞，有序排列在动物耳膜内基底膜，不同长度的毛细胞对不同波长机械波敏感，因此人类可以将不同的机械波区分开，并将其转换为听觉信息。Yilmazoglu 等构建了一种人造毛细胞结构的压阻传感器 AHCTS（图 1-9），通过 CVD 生长 CNT 模仿毛细胞的排列，控制 CNT 的生长高度来实现毛细胞的不同长度，毛细胞结构显著增强了传感器的灵敏度，在 $50\mu m$ 挠度下，电阻降低率达 11％，检测灵敏度低至 $1\mu m$，如图 1-9(c) 所示。CNT 纳米绒毛重复稳定弯曲 90°超过 10 次后仍具有良好的恢复性和较高的机械稳定性。

天然生物材料的多样性，给予研究人员无数的结构设计灵感，模仿皮肤互锁模式、树叶、鱼鳞、章鱼吸盘、花瓣等结构的压阻传感器相继出现，并表现出对外界刺激的灵敏感知（表 1-1）。

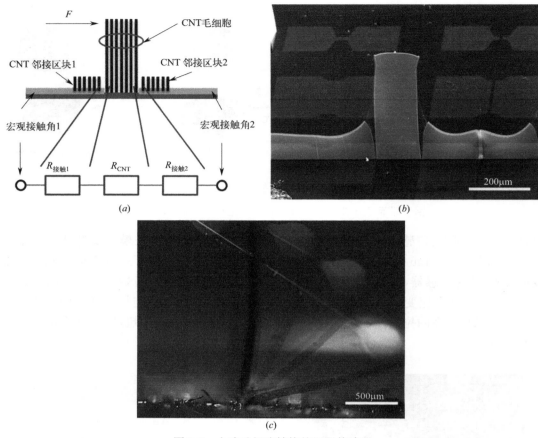

图 1-9　人造毛细胞结构的压阻传感器

（a）AHCTS 原理示意图，力的冲击使主 CNT 束与左右两边的 CNT 接触束接触；
（b）AHCTS 的 SEM 显微照片；（c）受到弯曲时的 CNT 束

不同类型 CNT 微结构传感器研究现状　　　　　　　　　　　　　　　　表 1-1

微结构		材料	灵敏度 GF	循环次数（次）	响应时间（s）
阵列式	圆柱式	MWNT/PDMS	22.8kPa^{-1}	—	0.07
	金字塔式	SWNT/PDMS	0.06kPa^{-1}	10000	0.048
	管状	CNT/Ploymer	最小分辨压力 32m·N	10	—
裂纹式	网络裂纹	AgNFs/PEDOT：PSS	$GF = 2819.8$	400	—
		CNT/TPU	GF：428.5（ε<100%） 9268.8（100%<ε<220%） 83982.8（220%<ε<300%）	10000	0.07
	重叠状	DMSO-PEDOT：PSS/PDMS	最小分辨应变<0.2%	2000	—
		Au/PU	最小分辨压力 0.568Pa	1000	0.009
波纹式	褶皱状	CNT/Ecoflex	141.72kPa^{-1}	1000	0.114
		rGO/PDMS	2.5-1051kPa^{-1}	10000	<0.15
	波纹状	MXene/棉织物	12.095kPa^{-1}	700	0.026

续表

微结构		材料	灵敏度 GF	循环次数（次）	响应时间（s）
网络式	模板法	MXene-RGO/PE	$609kPa^{-1}$	6000	0.232
		CNT/PDMS	$GF=8470$	5000	<0.03
		HGN/PDMS	$3.54kPa^{-1}$	250	0.12
		rGO/纺织物	$97.28kPa^{-1}$	11000	0.03
	生长法	CNT/PDMS	$809kPa^{-1}$	4000	0.105
		Cu-CAT@CNFNs/PDMS	$45.4kPa^{-1}$	5000	0.166
仿生式	莲藕	SWNT-GO/PDMS	$GF=2000$	1000	—
	毛细胞	CNT-Al$_2$O$_3$	最小分辨挠度 $1\mu m$	1000 万	—

1.4.2　压电式应变传感器研究现状

19 世纪 80 年代，居里兄弟首先在石英晶体中发现了压电现象，即晶体中机械能与电能相互转换，这是压电式应变传感器的基础。人们将具有压电效应的材料称为压电材料，当外力作用于压电材料时，内部的晶体被极化，在压电材料两个相对的表面产生电性相反的电荷，形成电位差。压电性存在于非中心对称晶体材料中。在压电晶格中，机械应力改变正电荷与负电荷之间的距离，从而产生电偶极矩或改变现有的偶极矩。

许多无机压电材料已被用于制造压电传感器，例如，氧化锌（ZnO）、锆钛酸铅（PZT）和钛酸钡（BaTiO$_3$）等。无机压电材料通常具有较高的压电系数，但无机压电材料的固有硬度限制了它们在柔性传感器领域的应用。自从 1969 年发现由聚偏氟乙烯（PVDF）制成的驻极体材料具有良好的压电性能以来，对 PVDF 的研究和应用开始迅速发展。PVDF 及其共聚物除具有压电性外，还具有良好的变形能力、加工性能、耐久性及良好的化学稳定性，适合大面积加工并能制备成复杂形状的柔性薄膜铺设在结构表面，因此受到了柔性传感领域的广泛关注。

2004 年，哈尔滨工业大学的具典淑等用 PVDF 压电传感器来检测建筑结构中金属构件裂纹产生与扩展和断裂的全过程，PVDF 压电传感器可以在裂纹产生与扩展时产生脉冲信号，通过分析这些信号可以对裂纹的状态进行评价，对结构进行全面的安全性评估。Sushmitha 等报道了一种 PVDF—聚吡咯水凝胶应变传感器，具有良好的弹性恢复能力，可承受 8.6%～61.5% 的宽范围应变，并在此应变范围内获得了 27.8 的 GF。Hassan 等通过静电纺丝制备 PVDF 纳米纤维压电应变传感层，可对大应变（50%）、大弯曲角度（150）的人体运动实现有效检测，在可穿戴设备等应用中有巨大的潜力。Lu 等设计并制作了 44 方阵 PVDF 薄膜柔性阵列传感器，来表征人手指施加的压力的大小和空间分布，输出电压和施加的压力呈线性关系，斜率为 12mV/kPa，表现出优异的输出响应（2.5μs）和超高的信噪比。2018 年，合肥工业大学的 Wang 等制作了一种基于 PVDF 压电薄膜的传感器，用于腕部运动检测，结果显示该 PVDF 传感器具有体积小、灵敏度高、柔性好等优点，可用于检测低频、小幅值、高扰动、随机性强的运动信号，即使在外界激励信号超过 15Hz 的情况下，该传感器的灵敏度仍稳定在 3.10pC/N。同年，京都大学的 Kurata

等用 PVDF 压电薄膜作为动态应变传感器检测钢框架结构的局部损伤，提出了一种识别单个构件局部损伤位置和严重程度的损伤检测方法，在地震破坏的模拟中，成功地确定了破坏位置，并有效识别了结构的破坏模式，推动了 PVDF 压电应变传感器在 SHM 领域的应用。这之后 Cui 等进行了基于 PVDF 传感器和 NEXT-ERA 模态识别方法的薄板结构的损伤识别研究，实验结果表明 PVDF 传感器不仅可以有效定位损伤位置，还可以识别横向和纵向的模态参数的变化，从而可以降低多传感器和多采集通道的采集成本。

1.5 高性能 SHM 传感器及静动态双模式应变传感器研究现状

从近些年的 SHM 发展来看，用于结构监测的硬件设施越来越先进，高性能的智能传感器和信号采集装备越来越多地在工程中得到应用。郑庆新等将所研制的压阻应变传感器安装在工字梁中段粘贴 10 个应变片进行标定实验，并开展了海洋环境工作可靠性验证，该传感器具有一致性较高的转换系数，最大非线性误差为 1.3%，在 9 项环境实验和 1980h 循环实验中工作正常，可承受海洋环境的长期作用。王明旸等在济河铁路钢结构架空体系监测中采用了新型振弦式动态应变采集设备，监测结果精准可靠，有较高的稳定性。Meoni 等利用黏土和不锈钢微纤维制作了一种智能压阻砖，灵敏度最高在 425.08、线性度为 0.9783，多块智能砖还可实现串联组合，嵌入结构后实现载荷分布和损伤发展监测，但由于黏土受温度和湿度的变化会对智能砖的孔溶液产生影响，进而导致传感器电阻发生重大变化，而且在恒定电场下智能砖还会因时间增加而发生极化。Kordas 等在墙体监测中应用了一种具有泡沫结构的高性能 CNT 传感器，具有高达 1000 的 GF 系数，在 $0\sim0.5$ 的应变范围内都有较高的性能，使用该传感器监测到两面墙体间产生了 0.2mm 的相对位移。香港理工大学苏众庆等制备了一种可以打印在结构表面的碳黑传感器（GF 系数 6.4，线性度 0.9995），在悬臂梁上实现了从准静态到 500kHz 的宽频响应。

虽然近年来有关 SHM 传感器的研究取得了一定进展，但研究的关注点还主要在提升传感器基本性能指标和探索新机制，关于同时具备高性能及随形能力、多模式信号采集能力的 SHM 传感器研究仍然较少，而建筑监测的复杂性又要求传感器具备上述能力。比如结构在服役期间受到的各种作用，按是否使结构产生加速度可分为静态作用和动态作用，静态作用如结构自重、活荷载、雪荷载等，动态作用如地震、吊车荷载、设备振动、风荷载、冲击荷载等。单一模式荷载作用时通过选择相匹配的传感器即可实现对载荷信号有效采集，但很多信号既包含动态信息也包含静态信息，几种应变传感器中压阻式传感器和电容式传感器具有低的检测阈值，因此被广泛应用于静态信号和低频信号的检测，然而大多数的压阻式和电容式传感器的响应时间在 10ms 以上，最高检测频率低于 200Hz，对应变速率不敏感，不能有效捕捉动态信号，而压电式传感器虽响应迅速，能够捕捉瞬态信号，但压电层受到外界刺激后在电极层产生瞬间极化感应电荷，当外界作用不变时，电荷会经过外回路快速衰减，因此压电应变传感器不能测量静态信号，可见结构受载过程能否实现信号的全面采集与传感器类型的选择有必然联系。然而，目前很难改善单模传感器的性能，使其能够实现静、动态信息的双模式感知，因此为防止单一模式的传感器在检测过程中会造成信息丢失，科研人员提出了静/动态双模式传感器，实现更多信息的同步采集。

Ha 等利用 ZnO NWS 制作了压电/压阻双模式传感器，如图 1-10 所示，传感器由一个

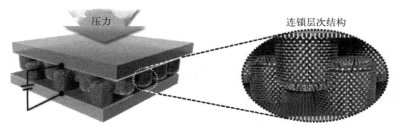

图 1-10　基于分层 ZnO NWS 阵列连锁几何结构的压电/压阻双模式传感器示意图

互锁结构组成，该结构中镍薄膜层作为导电层被溅射在 PDMS 微柱和 ZnO NWS 上，静态压阻信号检测是通过改变顶部和底部电极之间的导电通路的数量来实现电阻值的变化，最小压阻检测压力为 0.6Pa。高频动态信号的检测则通过外界刺激时垂直 ZnO NWS 的弯曲变形产生压电电势差来实现，压电传感响应时间小于 5ms，最高检测频率为 250Hz。但是该传感器结构复杂，制备成本高，而且由于 ZnO 为无机压电材料，刚性大，传感器机械稳健性差，经过长时间的使用 ZnO NWS 逐渐折断脱落，导致传感器的性能降低。

如图 1-11 所示，Park 等结合 rGO 与 PVDF 的压电、压阻效应，制备了可感知静态

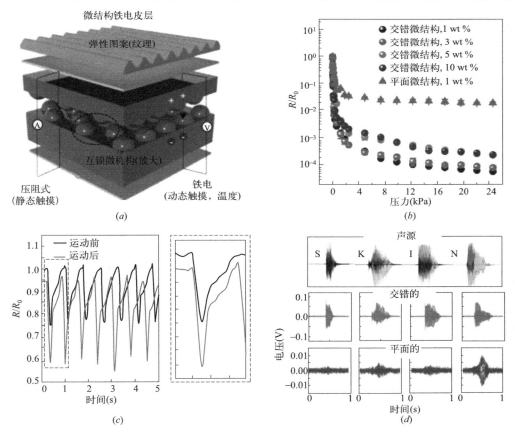

图 1-11　rGO/PVDF 双模式可感知静态压力、脉搏、声波的双模式传感器

(a) rGO/PVDF 双模式传感器结构示意图；(b) 传感器对静态压力的感知；

(c) 感知脉搏；(d) 感知声波

压力、脉搏、声波的双模式传感器。但是复合的 rGO 与 PVDF 薄膜存在很多不足,如 rGO 具有导电性,两种材料的结合降低了 PVDF 的压电性能,很难获得同时具有良好压电性和压阻性的复合薄膜,而且传感薄膜的压电性与压阻性相互干扰,测试电路很难同时检测和识别两种信号。何丹选用 PVDF-TrFE 为压电层,MWCNT-PU 复合材料为压阻层的触觉传感器,由此开展了一系列传感性能测试实验,证实了该传感元件具有良好的压电灵敏度,频域时域信号输出准确,但压阻灵敏度不高,压阻层初始电阻过大达到了 $1.18 \times 10^3 M\Omega$,如此传感器的测试电流很小,对测试分析设备的要求便高。王有岩将具有金字塔微结构的 h-BTO/PVDF-TrFE 压电式传感器与 rGO 压阻式传感器复合,成功制备了压电/压阻双模式传感器,采用分层结构设计,避免了压阻信号和压电信号的互相干扰,实现了载荷中压力或变形的大小、速率及方向检测,但同样存在压阻层初始电阻大的问题,而且无法检测微小的高频压力和较大的低频压力。可见上述研究中双模式传感器均存在不足之处,并未将两者的性能优势真正成功结合,关于双模式传感器的研究工作仍需继续完善,而且目前静动态双模式传感器的研究应用主要集中在可穿戴设备电子皮肤、人机交互领域,在 SHM 领域的应用仍然较少。

1.6 微带贴片天线应变传感器研究现状

因为微带贴片天线低剖面,易于与结构表面共形,能很好地感知结构的应变,近十几年来,国内外的科研人员将微带贴片天线应用在应变传感器领域,进行了大量的研究,从此天线传感器开始应用到 SHM 领域。随后众多科研人员将天线传感器应用到了其他结构力学指标以及环境性能指标(温度、湿度)的监测当中,如裂缝、压力、位移、振动、剪切力。

Tata U 等用光刻技术制作了一种贴片天线传感器,将贴片天线粘贴到铝悬臂梁上,并在悬臂梁的自由端施加载荷,施加的应变改变了金属贴片的尺寸,导致天线谐振频率的改变,通过天线谐振频率的变化来得到应变。Huang 等介绍了柔性天线传感器在无线应变传感和裂纹检测中的应用,讨论了为提高柔性天线传感器的可靠性而嵌入柔性层的设计与测试。Yao J 等设计出了一种无线振动应变传感系统,系统由一个无源无线传感器和一个动态无线询问器组成,采用微带贴片天线作为应变传感元件,证明了基于天线原理的应变传感技术是可行的。Mbanya T F 等使用具有两个基本谐振频率的单一天线同时进行应变和温度传感。首先建立天线谐振频移与温度、外加应变之间的理论关系,然后对装有天线传感器的拉伸试样进行了热机械实验,实验结果验证了归一化天线谐振频移与应变和温度变化成线性关系的理论预测,利用归一化天线谐振频移反演了天线的应变和温度变化。

西安交通大学葛航宇等将制作好的微带贴片天线传感器粘附在悬臂梁上,并在悬臂梁自由端处施加载荷,用矢量网络分析仪读取在不同应变下微带贴片天线传感器的中心频率,得到应变和中心频率的关系,由中心频率反演结构应变。武汉理工大学周凯等制作出一种用于二维应变测量的组合贴片天线传感器,由垂直布置的贴片天线及一片斜向 45°布置的寄生贴片天线组成,理论、仿真和实验结果都表明,组合的贴片天线用于测试平面结构的二维应变效果良好。武汉理工大学的刘志平建立了 COMSOL 的多物理场数值模型,研究了应变传递效率及其影响参数和谐振频率与被测应变之间的关系,最后进行了实验验证，结果表明 COMSOL Multiphysics 的多物理场仿真的结果与实验结果具有很好的一致性。同济大学的薛松涛用模拟和实验验证了天线谐振频率的偏移及天线长度方向上的应变呈现很好的线性关系，天线宽度方向上的应变对谐振频率的影响较小。同济大学的徐康乾研究了大应变时天线传感器的监测能力，通过实验将传感器粘贴在钢板上进行大应变拉伸，实验结果表明，在粘结破坏之前，天线的谐振频率和应变同样具有较好的线性关系，而且天线传感器的应变灵敏度在低应变下非常接近。北京工业大学的何存富课题组对微带贴片天线应变传感器进行了大量研究，从仿真到实验测试，结果均表明天线的中心频率的偏移量和应变之间存在着明显的线性关系，利用微带贴片天线传感器，可满足结构应变监测要求。西安电子科技大学的王艳军等研究了天线接地板变形对天线辐射性能的影响，首先研究接地板变形对天线端口特性与辐射性能的影响，进一步研究了贴片长度和馈电点位置对天线谐振频率和阻抗匹配的影响。青岛理工大学的钟国麟课题组将圆极化贴片天线应用到了应变测量领域中，将天线传感器的电磁参数导纳与应变建立关系，得到了灵敏度很高的天线传感器，将天线传感器应用于土木工程的钢结构和混凝土应变测量中。

参考文献

［1］　彭军，李津，李伟，等．柔性可穿戴电子应变传感器的研究现状与应用［J］．化工新型材料，2020，48（1）：57-62.

［2］　吴玉婷，潘志娟．柔性可穿戴电子传感器的现状及发展趋势［J］．现代丝绸科学与技术，2019，34（5）：22-25.

［3］　Jian M，Xia K，Wang Q，et al. Flexible and highly sensitive pressure sensors based on bionic hierarchical structures［J］. Advanced Functional Materials，2017，27（9）：1606066.

［4］　Loui A，Elhadj S，Sirbuly D，et al. An analytic model of thermal drift in piezoresistive microcantilever sensors［J］. Journal of Applied Physics，2010，107（5）：054508.

［5］　胡海龙，马亚伦，张帆，等．柔性纳米复合材料压阻式应变传感器的研究进展［J］．复合材料学报，2022，39（1）：1-22.

［6］　Park K I，Son J H，Hwang G T，et al. Highly-efficient，flexible piezoelectric PZT thin film nanogenerator on plastic substrates［J］. Advanced Materials，2014，26（16）：2514-2520.

［7］　Dagdeviren C，Su Y，Joe P，et al. Conformable amplified lead zirconate titanate sensors with enhanced piezoelectric response for cutaneous pressure monitoring［J］. Nature Communications，2014，5（1）：1-10.

［8］　Oshman C，Opoku C，Dahiya A S，et al. Measurement of spurious voltages in ZnO piezoelectric nanogenerators［J］. Journal of Microelectromechanical Systems，2016，25（3）：533-541.

［9］　杨云鹏．基于微纳材料和结构的柔性压力/应变传感器研究［D］．无锡：江南大学，2021.

［10］　Chen X，Pan S，Feng P J，et al. Bioinspired ferroelectric polymer arrays as photodetectors with signal transmissible to neuron cells［J］. Advanced Materials，2016，28（48）：10684-10691.

［11］　Mannsfeld S C，Tee B C，Stoltenberg R M，et al. Highly sensitive flexible pressure sensors with microstructured rubber dielectric layers［J］. Nature Materials，2010，9（10）：859-864.

［12］　Zhao X，Hua Q，Yu R，et al. Flexible，stretchable and wearable multifunctional sensor array as artificial electronic skin for static and dynamic strain mapping［J］. Advanced Electronic Materials，2015，1（7）：1500142.

［13］　Fiorillo A，Critello C，Pullano S. Theory，technology and applications of piezoresistive sensors：A review [J]. Sensors and Actuators A: Physical, 2018, 281: 156-175.

[14] Yu D, Zhang Y, LIU F. First-principles study of electronic properties of biaxially strained silicon: Effects on charge carrier mobility [J]. Physical Review B, 2008, 78 (24): 245204.

[15] El-tantawy F, Kamada K, Ohnabe H. Electrical properties and stability of epoxy reinforced carbon black composites [J]. Materials Letters, 2002, 57 (1): 242-251.

[16] Medalia A I. Electrical conduction in carbon black composites [J]. Rubber Chemistry and Technology, 1986, 59 (3): 432-454.

[17] Ezquerra T A, Kulescza M, Cruz C S, et al. Charge transport in polyethylene-graphite composite materials [J]. Advanced Materials, 1990, 2 (12): 597-600.

[18] Landauer R. Electrical conductivity in inhomogeneous media: Proceedings of the AIP conference proceedings [C]. American Institute of Physics, 1978.

[19] Mclachlan D. Measurement and analysis of a model dual conductivity medium using a generalized effective medium theory [J]. Physica A: Statistical Mechanics and its Applications, 1989, 157 (1): 188-191.

[20] 董素芬, 张立卿, 李祯, 等. 基于数值模拟的碳纳米管水泥基复合材料导电机理分析 [J]. 功能材料, 2015, 46 (11): 11021-11026.

[21] 罗健林. 碳纳米管水泥基复合材料制备及功能性能研究 [D]. 哈尔滨: 哈尔滨工业大学, 2009.

[22] 宋固全, 陈忠良, 陈煜国. 有效介质理论在复合型导电高分子材料研究中的应用 [J]. 化工新型材料, 2013, 41 (11): 152-154.

[23] 杨铨铨, 梁基照. 高分子基导电复合材料非线性导电行为及其机理 (Ⅰ) ——导电通道理论 [J]. 上海塑料, 2009 (4): 1-8.

[24] Fuhrer M, NYGåRD J, Shih L, et al. Crossed nanotube junctions [J]. Science, 2000, 288 (5465): 494-497.

[25] Yoon Y-G, Mazzoni M S, Choi H J, et al. Structural deformation and intertube conductance of crossed carbon nanotube junctions [J]. Physical Review Letters, 2001, 86 (4): 688.

[26] Gong S, Zhu Z, Haddad E. Modeling electrical conductivity of nanocomposites by considering carbon nanotube deformation at nanotube junctions [J]. Journal of Applied Physics, 2013, 114 (7): 074303.

[27] Gong S, Zhu Z H. On the mechanism of piezoresistivity of carbon nanotube polymer composites [J]. Polymer, 2014, 55 (16): 4136-4149.

[28] Jiang M-J, Dang Z-M, et al. Effect of aspect ratio of multiwall carbon nanotubes on resistance-pressure sensitivity of rubber nanocomposites [J]. Applied Physics Letters, 2007, 91 (7): 072907.

[29] Jiang M-J, Dang Z-M, Xu H-P. Giant dielectric constant and resistance-pressure sensitivity in carbon nanotubes/rubber nanocomposites with low percolation threshold [J]. Applied Physics Letters, 2007, 90 (4): 042914.

[30] Yin G, Hu N, KARUBE Y, et al. A carbon nanotube/polymer strain sensor with linear and anti-symmetric piezoresistivity [J]. Journal of Composite Materials, 2011, 45 (12): 1315-1323.

[31] Park J, Lee Y, Hong J, et al. Giant tunneling piezoresistance of composite elastomers with interlocked microdome arrays for ultrasensitive and multimodal electronic skins [J]. ACS nano, 2014, 8 (5): 4689-4697.

[32] Park J, Lee Y, Lim S, et al. Ultrasensitive piezoresistive pressure sensors based on interlocked micropillar arrays [J]. BioNanoScience, 2014, 4 (4): 349-355.

[33] Huang Y，You X，Tang Z，et al. Interface engineering of flexible piezoresistive sensors via near-field electrospinning processed spacer layers [J]. Small Methods，2021，5 (4)：2000842.

[34] Kang D，Pikhitsa P V，Choi Y W，et al. Ultrasensitive mechanical crack-based sensor inspired by the spider sensory system [J]. Nature，2014，516：222-226.

[35] Yang T，Li X，Jiang X，et al. Structural engineering of gold thin films with channel cracks for ultrasensitive strain sensing [J]. Materials Horizons，2016，3 (3)：248-255.

[36] Liu Z，Yu M，Lv J，et al. Dispersed，porous nanoislands landing on stretchable nanocrack gold films：Maintenance of stretchability and controllable impedance [J]. ACS Applied Materials & Interfaces，2014，6 (16)：13487-13495.

[37] Liu J，Guo H，Li M，et al. Photolithography-assisted precise patterning of nanocracks for ultrasensitive strain sensors [J]. Journal of Materials Chemistry A，2021，9 (7)：4262-4272.

[38] Zhou Y，Zhan P，Ren M，et al. Significant stretchability enhancement of a crack-based strain sensor combined with high sensitivity and superior durability for motion monitoring [J]. ACS Applied Materials & Interfaces，2019，11 (7)：7405-7414.

[39] Kwon Y，Park C，Kim J，et al. Effects of bending strain and crack direction on crack-based strain sensors [J]. Smart Materials and Structures，2020，29 (11)：115007.

[40] Pang Y，Zhang K，Yang Z，et al. Epidermis microstructure inspired graphene pressure sensor with random distributed spinosum for high sensitivity and large linearity [J]. ACS Nano，2018，12 (3)：2346-2354.

[41] Fan Y，Zhao H，Wei F，et al. A facile and cost-effective approach to fabrication of high performance pressure sensor based on graphene-textile network structure [J]. Progress in Natural Science：Materials International，2020，30 (3)：437-442.

[42] Zhu M，Yue Y，Cheng Y，et al. Hollow MXene sphere/reduced graphene aerogel composites for piezoresistive sensor with ultra-high sensitivity [J]. Advanced Electronic Materials，2020，6 (2)：1901064.

[43] Zheng S，Wu X，Huang Y，et al. Multifunctional and highly sensitive piezoresistive sensing textile based on a hierarchical architecture [J]. Composites Science and Technology，2020，197：108255.

[44] Pang Y，Tian H，Tao L，et al. Flexible，highly sensitive，and wearable pressure and strain sensors with graphene porous network structure [J]. ACS Applied Materials & Interfaces，2016，8 (40)：26458-26462.

[45] Han X，Zhang H，Xiao W，et al. A hierarchical porous carbon-nanotube skeleton for sensing films with ultrahigh sensitivity，stretchability，and mechanical compliance [J]. Journal of Materials Chemistry A，2021，9 (7)：4317-4325.

[46] Tian Y，Wang D-Y，Li Y-T，et al. Highly sensitive，wide-range，and flexible pressure sensor based on honeycomb-like graphene network [J]. IEEE Transactions on Electron Devices，2020，67 (5)：2153-2156.

[47] Cui J，Nan X，Shao G，et al. High-sensitivity flexible pressure sensor-based 3d cnts sponge for human-computer interaction [J]. Polymers，2021，13 (20)：3465.

[48] Hou N，Zhao Y，Yuan T，et al. Flexible multifunctional pressure sensors based on Cu-CAT@CNFN and ZnS：Cu/PDMS composite electrode films for visualization and quantification of human motion [J]. Composites Part A：Applied Science and Manufacturing，2022，163：107177.

[49] Hu S，Xiang Y，Sun Z，et al. Highly flexible composite with improved Strain-Sensing performance by adjusting the filler network morphology through a soft magnetic elastomer [J]. Composites Part

A：Applied Science and Manufacturing，2022，163：107188.

[50] Liu D，Zhang H，Chen H，et al. Wrinkled，cracked and bridged carbon networks for highly sensitive and stretchable strain sensors [J]. Composites Part A：Applied Science and Manufacturing，2022，163：107221.

[51] Yilmazoglu O，Yadav S，Cicek D，et al. A nano-microstructured artificial-hair-cell-type sensor based on topologically graded 3D carbon nanotube bundles [J]. Nanotechnology，2016，27（36）：365502.

[52] Pang Y，Zhang K，Yang Z，et al. Epidermis microstructure inspired graphene pressure sensor with random distributed spinosum for high sensitivity and large linearity [J]. ACS Nano，2018，12（3）：2346-2354.

[53] Yan J，Ma Y，Jia G，et al. Bionic MXene based hybrid film design for an ultrasensitive piezoresistive pressure sensor [J]. Chemical Engineering Journal，2022，431：133458.

[54] 李伊梦，侯晓娟，张辽原，等. 石墨烯/PDMS 仿生银杏叶微结构柔性压阻式压力传感器 [J]. 微纳电子技术，2020，57（3）：198-203.

[55] Wang J，Tenjimbayashi M，Tokura Y，et al. Bionic fish-scale surface structures fabricated via air/water interface for flexible and ultrasensitive pressure sensors [J]. ACS Applied Materials & Interfaces，2018，10（36）：30689-30697.

[56] Guo X，Hong W，Liu L，et al. Highly sensitive and wide-range flexible bionic tactile sensors inspired by the octopus sucker structure [J]. ACS Applied Nano Materials，2022，5（8）：11028-11036.

[57] Wei Y，Chen S，Lin Y，et al. Cu-Ag core-shell nanowires for electronic skin with a petal molded microstructure [J]. Journal of Materials Chemistry C，2015，3（37）：9594-9602.

[58] Chang H，Kim S，Kang T-H，et al. Wearable piezoresistive sensors with ultrawide pressure range and circuit compatibility based on conductive-island-bridging nanonetworks [J]. ACS Applied Materials & Interfaces，2019，11（35）：32291-32300.

[59] Yilmazoglu O，Popp A，Pavlidis D，et al. Vertically aligned multiwalled carbon nanotubes for pressure，tactile and vibration sensing [J]. Nanotechnology，2012，23（8）：085501.

[60] 翟磊莉，余善成，刘瑞清，等. 基于微裂纹的柔性应变传感器 [J]. 传感器与微系统，2022，41（5）：6-9，17.

[61] Wu H，Liu Q，Du W，et al. Transparent polymeric strain sensors for monitoring vital signs and beyond [J]. ACS Applied Materials & Interfaces，2018，10（4）：3895-3901.

[62] Wu Y-H，Liu H-Z，Chen S，et al. Channel crack-designed gold@ PU sponge for highly elastic piezoresistive sensor with excellent detectability [J]. ACS Applied Materials & Interfaces，2017，9（23）：20098-20105.

[63] Sim S，Jo E，Kang Y，et al. Highly sensitive flexible tactile sensors in wide sensing range enabled by hierarchical topography of biaxially strained and capillary-densified carbon nanotube bundles [J]. Small，2021，17（50）：2105334.

[64] Tang X，Wu C，Gan L，et al. Multilevel microstructured flexible pressure sensors with ultrahigh sensitivity and ultrawide pressure range for versatile electronic skins [J]. Small，2019，15（10）：1804559.

[65] Li T，Chen L，Yang X，et al. A flexible pressure sensor based on an MXene-textile network structure [J]. Journal of Materials Chemistry C，2019，7（4）：1022-1027.

[66] 具典淑，周智，欧进萍. 基于 PVDF 的金属构件裂纹监测研究 [J]. 压电与声光，2004，（3）：

245-248.

[67] Veeralingam S, Badhulika S. Low-density, stretchable, adhesive PVDF-polypyrrole reinforced gelatin based organohydrogel for UV photodetection, tactile and strain sensing applications [J]. Materials Research Bulletin, 2022, 150: 111779.

[68] Khan H, Razmjou A, Ebrahimi Warkiani M, et al. Sensitive and flexible polymeric strain sensor for accurate human motion monitoring [J]. Sensors, 2018, 18 (2): 418.

[69] Lu K, Huang W, Guo J, et al. Ultra-sensitive strain sensor based on flexible poly (vinylidene fluoride) piezoelectric film [J]. Nanoscale Research Letters, 2018, 13 (1): 1-6.

[70] Wang A, Hu M, Zhou L, et al. Self-powered wearable pressure sensors with enhanced piezoelectric properties of aligned P (VDF-TrFE) /MWCNT composites for monitoring human physiological and muscle motion signs [J]. Nanomaterials, 2018, 8 (12): 1021.

[71] Kurata M, Li X, Fujita K, et al. PVDF piezo film as dynamic strain sensor for local damage detection of steel frame buildings; proceedings of the Sensors and Smart Structures Technologies for Civil, Mechanical, and Aerospace Systems [C]. SPIE-F, 2013.

[72] Cui H, Peng W, Xu X, et al. A damage identification method for a thin plate structure based on PVDF sensors and strain mode [J]. Proceedings of the Institution of Mechanical Engineers, Part C: Journal of Mechanical Engineering Science, 2019, 233 (14): 4881-4895.

[73] 郑庆新, 汪雪良, 赵晓宇, 等. 应用于船舶与海洋工程结构安全监测的应变传感器技术研究 [J]. 装备环境工程, 2023, 20 (1): 83-89.

[74] 王明旸, 杨耕, 于广云, 等. 钢结构架空体系安全监测及结构响应分析 [J]. 江苏建筑, 2021, (5): 19-22, 33.

[75] Meoni A, D'alessandro A, Ubertini F. Characterization of the strain-sensing behavior of smart bricks: A new theoretical model and its application for monitoring of masonry structural elements [J]. Construction and Building Materials, 2020, 250: 118907.

[76] Meoni A, Fabiani C, D'alessandro A, et al. Strain-sensing smart bricks under dynamic environmental conditions: Experimental investigation and new modeling [J]. Construction and Building Materials, 2022, 336: 127375.

[77] Kordas K, PITKÄNEN O. Piezoresistive carbon foams in sensing applications [J]. Frontiers in Materials, 2019 (6): 93.

[78] Liao Y, Zhou P, Pan D, et al. An ultra-thin printable nanocomposite sensor network for structural health monitoring [J]. Structural Health Monitoring, 2021, 20 (3): 894-903.

[79] 王有岩. 压电/压阻双模式柔性压力传感器动/静态力学信息检测 [D]. 杭州: 浙江工业大学, 2019.

[80] Ha M, Lim S, Park J, et al. Bioinspired interlocked and hierarchical design of ZnO nanowire arrays for static and dynamic pressure-sensitive electronic skins [J]. Advanced Functional Materials, 2015, 25 (19): 2841-2849.

[81] Park J, Kim M, Lee Y, et al. Fingertip skin-inspired microstructured ferroelectric skins discriminate static/dynamic pressure and temperature stimuli [J]. Science Advances, 2015, 1 (9): e1500661.

[82] 何丹. 一种压电压阻双层复合柔性触觉传感单元的制备及测试研究 [D]. 杭州: 浙江大学, 2014.

[83] 张其林. 大型建筑结构健康监测和基于监测的性态研究 [J]. 建筑结构, 2011, 41 (12): 68-75, 38.

［84］ 舒赣平，周雄亮，王小盾，等．新型装配式钢框架结构建筑体系研究与应用［J］．建筑钢结构进展，2021，23（10）：26-31，43.

［85］ 王增羽．钢结构的特点和应用及发展［J］．山西建筑，2009，35（34）：66-68.

［86］ 王峻，唐然，陈同宇．浅谈钢结构在土木工程上的应用与发展［J］．居舍，2018（22）：16.

［87］ 郝际平，孙晓岭，薛强，等．绿色装配式钢结构建筑体系研究与应用［J］．工程力学，2017，34（1）：1-13.

［88］ 柯亮．基于微带天线传感器的金属结构应变测量与裂纹识别方法［D］．武汉：武汉理工大学，2018.

［89］ 王枫，吴华勇，赵荣欣．国内外近三年桥梁坍塌事故原因与经验教训［J］．城市道桥与防洪，2020，（7）：73-76.

［90］ 易仁彦，周瑞峰，黄茜．近15年国内桥梁坍塌事故的原因和风险分析［J］．交通科技，2015，（5）：61-64.

［91］ 雷鹰，刘丽君，郑骞鹏．结构健康监测若干方法与技术研究进展综述［J］．厦门大学学报（自然科学版），2021，60（3）：630-640.

［92］ Bao Y，Chen Z，Wei S，et al. The state of the art of data science and engineering in structural health monitoring［J］. Engineering，2019.

［93］ 闫天婷．基于微带贴片天线的应变传感器与检测技术研究［D］．北京：北京工业大学，2017.

［94］ 房芳，郑辉，汪玉，等．机械结构健康监测综述［J］．机械工程学报，2021，57（16）：269-292.

［95］ 罗成．褶皱的PPy薄膜/PVA纳米线隔离物的高性能压阻式传感器［D］．武汉：华中科技大学，2018.

［96］ 杜晓松．锰铜薄膜超高压力传感器研究［D］．成都：电子科技大学，2002.

［97］ 陶宝祺，王妮．电阻应变式传感器［M］．北京：国防工业出版社，1993.

［98］ Chung D D L. Structural health monitoring by electrical resistance measurement［J］. Smart Materials and Structures，2001，10（4）：624.

［99］ 尹福炎．电阻应变片发展历史的回顾——纪念电阻应变片诞生70周年（1938-2008）［J］．衡器，2009，38（4）：46-52.

［100］ Ozbek M，Rixen D J. Operational modal analysis of a 2.5 MW wind turbine using optical measurement techniques and strain gauges［J］. Wind Energy，2013，16（3）：367-381.

［101］ Scheuren W，Caldwell K，Goodman G，et al. Joint strike fighter prognostics and health management［C］//34th AIAA/ASME/SAE/ASEE Joint Propulsion Conference and Exhibit 1998.

［102］ Gao T，Xia Q. Experimental and numerical study of a shunt structure for large dynamic strain measurement［J］. IEEE Sensors Journal，2016，16（23）：8403-8411.

［103］ Dos R J，CC Oliveira，dCJ Sá. Double bridge circuit for self-validated structural health monitoring strain measurements：Double bridge circuit for self-validated SHM strain measurements［J］. Strain，2018，54：e12278.

［104］ Lee B. Review of the present status of optical fiber sensors［J］. Optical Fiber Technology，2003，9（2）：57-79.

［105］ Gasior P，Malesa M，Kaleta J，et al. Application of complementary optical methods for strain investigation in composite high pressure vessel［J］. Composite Structures，2018，203（NOV.）：718-724.

［106］ Barrias，António，Rodriguez G，et al. Application of distributed optical fiber sensors for the health monitoring of two real structures in Barcelona［J］. Structure and Infrastructure Engineering，2018：1-19.

[107] Wu Q, Okabe Y. Investigation of an integrated fiber laser sensor system in ultrasonic structural health monitoring [J]. Smart Materials & Structures, 2016, 25 (3): 035020.

[108] 贾相飞. 基于聚合物光纤的超大应变测量技术研究 [D]. 天津: 天津大学, 2010.

[109] 沈小燕. 光纤光栅应变传感及扩大应变传感范围的技术研究 [D]. 天津: 天津大学, 2010.

[110] Narayanan A, Subramaniam K V L. Sensing of damage and substrate stress in concrete using electro-mechanical impedance measurements of bonded PZT patches [J]. Smart Materials and Structures, 2016, 25 (9): 095011.

[111] Du G, Zhang J, Zhang J, et al. Experimental study on stress monitoring of sand-filled steel tube during impact using piezoceramic smart aggregates [J]. Sensors, 2017, 17 (8): 1930.

[112] Kong Q, Song G. A comparative study of the very early age cement hydration monitoring using compressive and shear mode smart aggregates [J]. IEEE Sensors Journal, 2016, (99): 1-10.

[113] Zheng Q, Chung D. Carbon fiber reinforced cement composites improved by using chemical agents [J]. Cement & Concrete Research, 1989, 19 (1): 25-41.

[114] Chiou J M, Zheng Q, Chung D. Electromagnetic interference shielding by carbon fibre reinforced cement [J]. Composites, 1989, 20 (4): 379-381.

[115] Jabir S, Gupta N K. Thick-film ceramic strain sensors for structural health monitoring [J]. IEEE Transactions on Instrumentation & Measurement, 2011, 60 (11): 3669-3676.

[116] Fu X, Chung D. Effect of curing age on the self-monitoring behavior of carbon fiber reinforced mortar [J]. Cement & Concrete Research, 1997, 27 (9): 1313-1318.

[117] Chu H Y, Chen J K. The experimental study on the correlation of resistivity and damage for conductive concrete [J]. Cement & Concrete Composites, 2016, 67: 12-19.

[118] Han B G, Yu Y, Han B Z, et al. Development of a wireless stress/strain measurement system integrated with pressure-sensitive nickel powder-filled cement-based sensors [J]. Sensors & Actuators A: Physical, 2008, 147 (2): 536-543.

[119] 姚嵘, 王栋民. 硅灰对机敏水泥砂浆抗压强度及压敏性的影响 [J]. 新型建筑材料, 2009, 36 (10): 67-69.

[120] 季小勇. 纳米炭黑环氧树脂基复合材料应变和裂缝感知特性研究 [D]. 哈尔滨: 哈尔滨工业大学, 2009.

[121] 韩宝国, 丁思齐, 董素芬, 等. 本征自感知混凝土在高铁土建基础设施原位监测中的应用展望 [J]. 中国铁路, 2019, (11): 68-76.

[122] 欧进萍, 关新春, 李惠. 应力自感知水泥基复合材料及其传感器的研究进展 [J]. 复合材料学报, 2006, (4): 1-8.

[123] Mohammad I, Huang H. Monitoring fatigue crack growth and opening using antenna sensors [J]. Smart Materials & Structures, 2010, 19 (5): 055023.

[124] Mohammad I, Huang H. An antenna sensor for crack detection and monitoring [J]. Advances in Structural Engineering, 2011, 14 (1): 47-53.

[125] Xu X, Huang H. Multiplexing wireless antenna sensors for crack growth monitoring [J]. Proceedings of SPIE the International Society for Optical Engineering, 2011.

[126] Zhiping L, Kai C, Zongchen L, et al. Crack monitoring method for an FRP-Strengthened steel structure based on an antenna sensor [J]. Sensors, 2017, 17 (10): 2394.

[127] Ke L, Liu Z, Yu H. Characterization of a patch antenna sensor's resonant frequency response in identifying the motch-shaped cracks on metal structure [J]. Sensors, 2018, 19 (1).

[128] Huang H, Farahanipad F, Singh A K. A stacked dual-frequency microstrip patch antenna for sim-

ultaneous shear and pressure displacement sensing [J]. IEEE Sensors Journal, 2017 (24): 8314-8323.

[129] Etxebarria V, Lucas J, Feuchtwanger J, et al. Very high sensitivity displacement sensor based on resonant cavities [J]. IEEE Sensors Jouranl, 2010, 10 (8): 1335-1336.

[130] Rezaee M, Joodaki M. Two-dimensional displacement sensor based on CPW line loaded by defected ground structure with two separated transmission zeroes [J]. IEEE Sensors Journal, 2017 (4): 1-10.

[131] Yao J, Tjuatja S, Huang H. Real-time vibratory strain sensing uising passive wireless antenna sensor [J]. IEEE Sensors Journal, 2015, 15 (8): 4338-4345.

[132] Mohammad I, Huang H. Shear sensing based on a microstrip patch antenna [J]. Measurement Science & Technology, 2015, 23 (10): 105705.

[133] Tata U, Huang H, Carter R L, et al. Exploiting a patch antenna for strain measurements [J]. Measurement science and Technology, 2015, 20 (1): 015201.

[134] Huang HY. Flexible wireless antenna sensor: a review [J]. IEEE Sensors Journal, 2013, 13 (10): 3865-3872.

[135] Mbanya Tchafa F, Huang H. Microstrip patch antenna for simultaneous strain and temperature sensing [J]. Smart Materials & Structures, 2018.

[136] 葛航宇, 李浩, 陈跃良, 等. 一种基于微带天线的应变测量技术 [J]. 中国科学: 技术科学, 2014, 44 (9): 973-978.

[137] 周凯, 刘志平, 毛艳飞, 等. 贴片天线传感器平面二维应变测量方法研究 [J]. 仪器仪表学报, 2018, 39 (1): 136-143.

[138] 刘志平, 毛艳飞, 周凯, 等. 基于 COMSOL 的贴片天线传感器应变测量仿真及实验研究 [J]. 仪表技术与传感器, 2018, (8): 1-5.

[139] 薛松涛, 蒋灿, 谢丽宇, 等. 基于矩形贴片天线的应变传感器模拟与测试 [J]. 振动. 测试与诊断, 2018, 38 (1): 136-142, 211.

[140] 徐康乾, 谢丽宇, 薛松涛, 等. 大应变下贴片天线应变传感器的性能研究 [J]. 结构工程师, 2019, 35 (1): 49-55.

[141] 何存富, 闫天婷, 宋国荣, 等. 微带贴片天线应变传感器优化设计研究 [J]. 仪器仪表学报, 2017, 38 (2): 361-367.

[142] 宋国荣, 文硕, 吕炎, 等. 基于 RFID 的微带天线应变传感器的仿真分析 [J]. 北京工业大学学报, 2018, 44 (5): 716-724.

[143] 宋国荣, 王学东, 吕炎, 等. 基于矩形贴片天线的应变测量技术 [J]. 北京工业大学学报, 2019, 45 (1): 8-14.

[144] 王艳军, 王伟, 娄顺喜, 等. 接地板变形对微带阵列电性能影响的仿真分析 [J]. 电子机械工程, 2019, 35 (2): 57-60, 64.

第 2 章　基于微结构多孔 CNT 烧蚀骨架压阻智能传感层材料制备与性能表征

2.1　引言

自 20 世纪 90 年代 CNT 被发现以来，CNT 在传感领域受到了极大关注，针对 CNT 压阻传感性能的研究层出不穷。CNT 是一种一维纳米材料，CNT 特殊的结构决定了其独特的性质，具有优异的机械、电学、热学性能和极小的渗流阈值和高稳定性，其弹性模量超过 1TPa，与金刚石的弹性模量相当，比钢高出约 5 倍，在已知材料中最高，其弹性应变量最高可达 20%，是钢的 60 倍，而其密度仅有钢的 1/6，这些特性使 CNT 非常适用于柔性、大变形的柔性传感器件中。在以往的研究中，提高 CNT 压阻传感器的灵敏度往往从优化材料本身性能和合理的结构设计层面出发，微结构的设计是提高传感器灵敏度最可行的方式，研究者们多采用传统方法实现引入微结构，但普遍存在操作复杂、成本高、重复性差等问题，因而如何简化微结构的制作，利用现有的材料进行微结构的设计非常重要。本章通过微波烧蚀来构筑微结构，将 CNT 附着于棉质基体，微波辐照时 CNT 吸收微波产生电弧短时间内大量的热能使棉纤维发生热解，最终具有基体结构的 CNT 骨架被保留下来，得到多孔 CNT 烧蚀骨架压阻传感层，同时进行传感性能测试和微观结构表征。

2.2　多孔 CNT 烧蚀骨架压阻传感层的制备

2.2.1　实验原料

CNT 的主要性能指标　　　　表 2-1

直径 (nm)	长度 (μm)	纯度 (%)	无定形碳 (%)	比表面积 (m²/g)	热导率 [W/(m·K)]	电阻率 (Ω·cm)
20~40	5~15	≥95	≤3	40~300	1.60	<5

本书所用 CNT 购自江苏南京先锋纳米科技有限公司，主要性能指标见表 2-1。十六烷基三甲基溴化铵（CTAB，分子式 $C_{19}H_{42}BrN$），购自上海麦克林生化科技有限公司，用作 CNT 的分散剂；棉质无纺纤维布，购自福建恒安集团有限公司；去离子水，为实验室自制；导电银浆，DAD-40，购自上海市合成树脂研究所。

2.2.2　实验仪器

实验所需的主要实验仪器见表 2-2。

主要实验仪器 表 2-2

仪器名称	型号	生产厂家
超声恒温水浴锅	JP-020S	深圳洁盟清洗设备有限公司
探头式超声细胞粉碎机	FS-500T	上海生析仪器有限公司
手动喷漆枪	R2-F	中国台湾宝丽气动工具有限公司
空气压缩机	ZSFY100	中安消防设备(山东)有限公司
鼓风干燥箱	DHG-9075A	上海一恒科学仪器有限公司
直流稳压电源	DC30V5A	江苏卡宴电子有限公司
数字万用表	UT139B	优利德科技(中国)股份有限公司
LCR 数字电桥	TH2817B	上海同惠有限公司
微波炉	DF336W	日本松下电器产业株式会社
拉曼光谱仪	LabRam HR Evolution	HORIBA Scientific
扫描电子显微镜	TESCAN MIRA LMS	捷克 TESCAN
磁力搅拌器	HJ-6	巩义市科瑞仪器有限公司
电子天平	JN1003	上海衡平仪器仪表厂

2.2.3 实验过程

多孔 CNT 烧蚀骨架制备流程如图 2-1 所示。

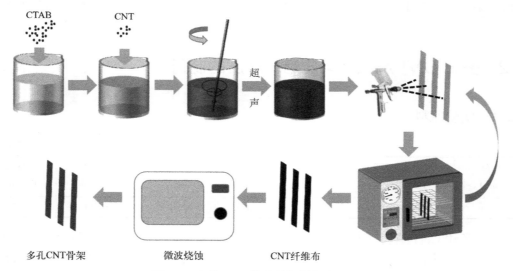

图 2-1 多孔 CNT 烧蚀骨架制备流程图

1. CNT 分散浆料的制备

首先,将 2.062g CTAB 加入 100mL 去离子水中,磁力搅拌直至完全溶解,之后在所得溶液中加入 1.031g CNT,用玻璃棒搅拌使 CNT 完全浸入 CTAB 溶液中,然后以

400r/min 的速度磁力搅拌 10min，保证 CTAB 与 CNT 充分吸附，将所得混合溶液水浴浸泡超声 5min，最后放入探头式超声细胞粉碎机（图 2-2）进行处理，超声参数：超声功率 200W，频率 20kHz，闭环 90s，开环 10s，共循环 90 次，得到 CNT 分散浆料。

2. 喷涂浆料

将裁剪好的棉质无纺纤维布平铺在托盘中，两端用胶带固定，使用手动喷漆枪将所得 CNT 分散浆料均匀喷涂在棉质无纺纤维布上，调整喷枪喷涂压力为 0.2MPa，出料量 6mL/min，距离纤维布 15cm 处进行喷涂，每面喷涂 15s，一面喷涂结束后置于 80℃鼓风干燥箱中悬挂烘干去除水分（图 2-3），每完成两面喷涂视为完成一次喷涂，制备喷涂次数为 1、2、3、4、5、6 次的 CNT 纤维布。

图 2-2　探头式超声细胞粉碎机

图 2-3　CNT 纤维布烘干

3. 微波烧蚀

将 CNT 纤维布置于微波炉中，1000W 微波辐照 30s，即得到多孔 CNT 烧蚀骨架，用导电银浆将导线粘贴在骨架上，转移至 80℃的真空干燥箱中烘干 30min 使导电银浆凝固，使用万用表连接导线测试避免短路，最终得到多孔 CNT 烧蚀骨架压阻传感层（图 2-4）。

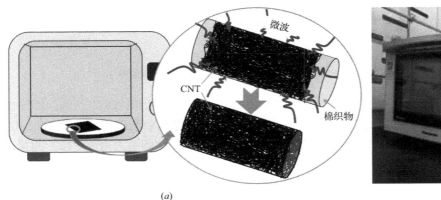
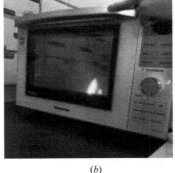

(a)　　　　　　　　　　　　　　　　　(b)

图 2-4　微波烧蚀

(a) CNT 纤维布微波烧蚀原理示意图；(b) 烧蚀中的 CNT 纤维布起火

2.3　多孔 CNT 烧蚀骨架压阻传感层性能表征

2.3.1　CNT 纤维布电阻性能

　　四探针测试法用于测试薄层电阻，常用于测量半导体材料的电阻率，同样适用于金属材料及其他导电材料电阻率的测试。四探针测试法有 Perloff 法、Rymaszewski 法、Van der Pauw 法、改进 Van der Pauw 法等，按探针排列方法又可分为直线四探针法和方形四探针法，其中方形四探针法通过测量较小微区，可以表征测试样品的不均匀性，即可获得 CNT 分散浆料在纤维布表面附着的均匀程度。

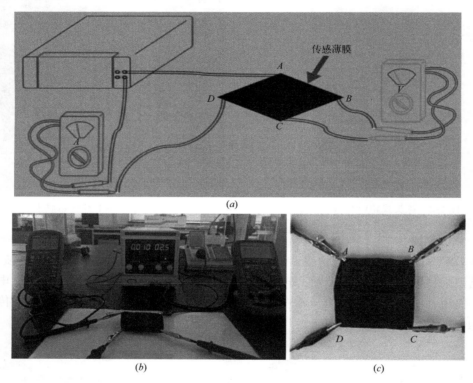

图 2-5　Van der Pauw 四探针法
（*a*）Van der Pauw 四探针法示意图；（*b*）实验测试装置；（*c*）四角测点

　　Van der Pauw 四探针法要求样品呈均匀厚度的扁平状、没有任何隔离孔洞，四个测试点应位于样品的边缘。如图 2-5（*c*）所示，在样品边缘设置四个测试点 A、B、C、D。在任意两接触点通入电流，其余两点测量电势差，例如在 A、B 间通入电流 I_{AB}，测量此时 C、D 电势差 V_{CD}，得到电阻 $R_{AB,CD}$，然后在 B、C 间通入电流 I_{BC}，测量此时 D、A 电势差 V_{DA}，得到电阻 $R_{BC,DA}$，代入公式（2-2）得到电阻率 ρ。

$$R_{AB,CD}=\frac{V_{CD}}{I_{AB}}, \ R_{BC,DA}=\frac{V_{DA}}{I_{BC}} \tag{2-1}$$

$$\rho = \frac{\pi d}{\ln 2} \cdot \frac{R_{AB,CD} + R_{BC,DA}}{2} \cdot f\left(\frac{R_{AB,CD}}{R_{BC,DA}}\right) \tag{2-2}$$

式中　　d——样品厚度；

$f\left(\dfrac{R_{AB,CD}}{R_{BC,DA}}\right)$——范德堡修正因子，为 $\dfrac{R_{AB,CD}}{R_{BC,DA}}$ 的函数。

　　测试时常以 $\dfrac{R_{AB,CD}}{R_{BC,DA}}$ 值表征测试样品的均匀性。为反映测试样品的均匀性，必须合理地设置测试点的分布，以排除几何因素的干扰，在几何角度上使 $\dfrac{R_{AB,CD}}{R_{BC,DA}}$ 值接近 1，理论上当测试样品均匀时 $\dfrac{R_{AB,CD}}{R_{BC,DA}}$ 值将等于 1，当测试样品不均匀时 $\dfrac{R_{AB,CD}}{R_{BC,DA}} > 1$，由于四个电极位置的任意性，可使 $\dfrac{R_{AB,CD}}{R_{BC,DA}} > 1$ 或 <1，相应的 $\dfrac{R_{AB,CD}}{R_{BC,DA}} < 1$ 或 >1，但在实际操作中当 $\dfrac{R_{AB,CD}}{R_{BC,DA}} > 2$ 时才认为该样品是不均匀的。不同喷涂次数 CNT 纤维布的 $\dfrac{R_{AB,CD}}{R_{BC,DA}}$ 值见表 2-3，各组 $\dfrac{R_{AB,CD}}{R_{BC,DA}}$ 值均小于 2，表明采用喷漆涂层法制备的 CNT 纤维布，CNT 分散浆料在纤维布表面的附着均匀性较好，其中喷涂 4 次时的 $\dfrac{R_{AB,CD}}{R_{BC,DA}}$ 值最接近 1。

不同喷涂次数的 CNT 纤维布 $\dfrac{R_{AB,CD}}{R_{BC,DA}}$ 值 　　　　　　　　表 2-3

喷涂次数（次）	$R_{AB,CD}$（Ω）	$R_{BC,DA}$（Ω）	$\dfrac{R_{AB,CD}}{R_{BC,DA}}$
1	2180	1680	1.298
2	602	484	1.244
3	392	371	1.057
4	224	214	1.047
5	218	205	1.063
6	177	143	1.238

　　CNT 分散浆料喷涂次数与 ρ 的变化关系曲线如图 2-6 所示，喷涂 1、2、3、4、5、6 次后，ρ 分别为 65.0Ω·cm、17.4Ω·cm、12.62Ω·cm、8.13Ω·cm、6.5Ω·cm、4.96Ω·cm。纤维布上 CNT 分散浆料的附着量随喷涂次数的增加同时增加，宏观上表现为 ρ 的下降，前期 ρ 受喷涂次数的影响较大，随喷涂次数的增加 ρ 急剧减小，该阶段中导电路径的变化是影响电阻大小的主要因素，导电通路随 CNT 分散浆料附着量的增多急剧增多；另曲线的变化率也呈逐渐减小的趋势，喷涂 4 次以后喷涂次数对 ρ 的影响不再明显，此阶段形成的导电通路逐渐减少，表明内部形成了稳定的导电网络，ρ 主要受 CNT 自身性能的限制。

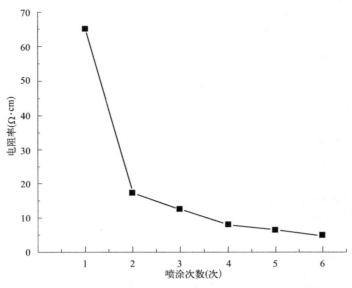

图 2-6　喷涂次数与多孔 CNT 烧蚀骨架电阻率的关系图

2.3.2　拉曼测试

拉曼光谱（RM）是一种用于分子结构研究分析技术，它利用拉曼效应，通过分析不同频率的入射光的散射光谱来获得分子的振动和旋转信息。它在纯定性分析、高级定量分析和确定分子结构方面起着关键作用，并广泛应用于包括化学、物理学、生物学和医学在内的多个领域。本测试利用 RM 对烧蚀前后 CNT 的结构进行分析，考察微波烧蚀对 CNT 的损伤情况。激光器波长为 514nm，位移范围为 $800 \sim 2200 \mathrm{cm}^{-1}$，分辨率为 $0.65 \mathrm{cm}^{-1}$，扫描时间 30s，累加次数为 3，取样斑点为 $1\mu\mathrm{m}$。

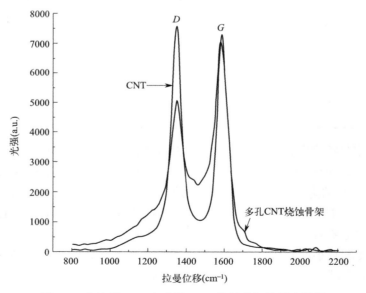

图 2-7　未处理 CNT 与多孔 CNT 烧蚀骨架拉曼光谱图

在图 2-7 中出现两个明显的特征峰，1340cm^{-1} 附近的峰（D 峰）是 CNT 结构上的缺陷、吸附在管壁上的碳纳米颗粒、无定形碳以及其他纳米尺寸的微晶等的 sp^2 杂化峰，通常假设它是由 CNT 的缺陷造成的；1580cm^{-1} 附近的峰（G 峰）与 CNT 中的石墨相关，是由 sp^2 碳原子引起的。相较未处理的 CNT，多孔 CNT 烧蚀骨架中的无序带 D 峰峰值强度大幅下降，由 7570.83 下降到 5059.9，石墨带 G 峰峰值强度略有减小，基本保持未烧蚀前的水平。通过所得数据可以分别计算出微波烧蚀前后 CNT 的 D 峰与 G 峰的强度比（I_D/I_G），由此可以对 CNT 的无序程度或缺陷密度进行衡量，未处理的 CNT I_D/I_G 约为 1.038，微波烧蚀后的 I_D/I_G 约为 0.718，表明微波烧蚀后 CNT 缺陷有所减少，石墨相的相对含量有所提高，微波烧蚀不会对 CNT 的结构造成破坏。微波烧蚀前后，CNT 的 D 峰波数位置始终为 1348.8cm^{-1}，而 G 峰发生了红移，从 1584.13cm^{-1} 偏移到了 1582.59cm^{-1}，表明微波处理后的 CNT 中石墨晶格膨胀，CNT 管间作用力减小。

2.3.3　形貌表征

如图 2-8 所示多孔 CNT 烧蚀骨架相当轻盈，在宏观上烧蚀骨架仍保有与 CNT 纤维布极为相似的形貌，尺寸为 7cm×7cm 的烧蚀骨架仅重 0.0776g，采用烧蚀骨架作为传感功能层通过控制纤维布的尺寸即可实现对传感器尺寸的灵活控制，灵活适应各种场景要求。

图 2-8　烧蚀前后纤维布变化情况

（a）7cm×7cm CNT 纤维布质量；（b）7cm×7cm 多孔 CNT 烧蚀骨架质量；

（c）多孔 CNT 烧蚀骨架宏观形貌；（d）所制烧蚀骨架很轻，可被苔藓托举

图 2-9 为不同喷涂次数的多孔 CNT 烧蚀骨架的 SEM 图像，放大倍数为 100 倍，显然随喷涂次数的增加 CNT 附着量增大，骨架直径逐渐变大。喷涂次数较少时［图 2-9(a)～图 2-9(c)］骨架明显更松散，骨架间孔洞较大，有较多骨架出现了断裂（图 2-10 中圆圈处）；喷涂次数达 4 次后单根骨架间也开始被 CNT 填充，喷涂次数达到 6 次后骨架大片连接在一起，难以观察到明显的单根骨架和清晰的交织结构。

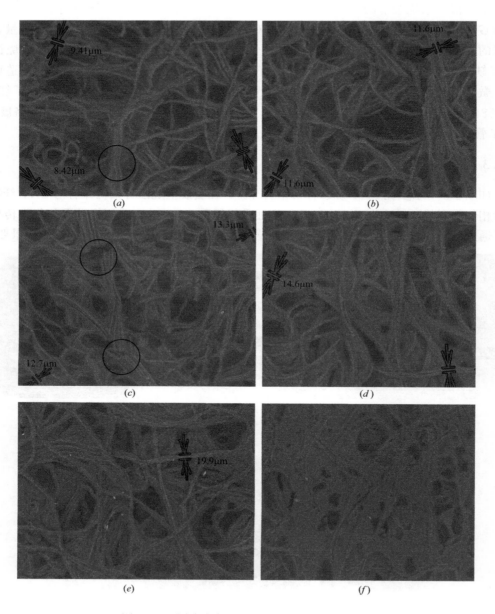

图 2-9　不同喷涂次数的多孔 CNT 骨架 SEM 图
(a) 1 次；(b) 2 次；(c) 3 次；(d) 4 次；(e) 5 次；(f) 6 次

图 2-10 为 CNT 纤维布的 SEM 图，样品呈明显的层次状的纤维交织结构，如图 2-10(c)、

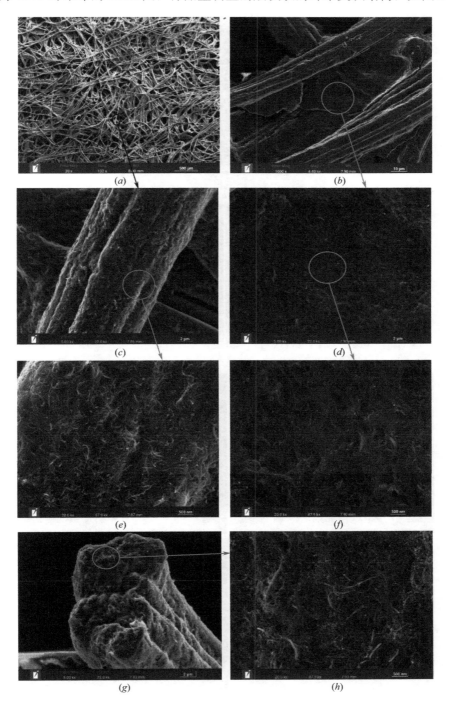

图 2-10　CNT 纤维布 SEM 图

(a) 放大 30 倍；CNT 在纤维间搭接：(b) 放大 1000 倍、(d) 放大 5000 倍、(f) 放大 20000 倍；包裹在纤维外围的 CNT：(c) 放大 5000 倍、(e) 放大 20000 倍；样品边缘处单根纤维：(g) 放大 5000 倍、(h) 放大 20000 倍

图 2-10(*e*) 所示 CNT 包裹于棉纤维的表面，图 2-10(*g*) 为样品边缘处单根纤维形貌，显

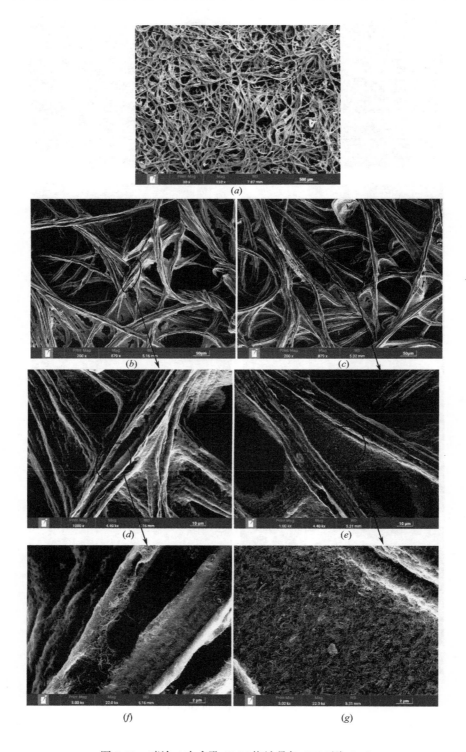

图 2-11　喷涂 4 次多孔 CNT 烧蚀骨架 SEM 图（一）

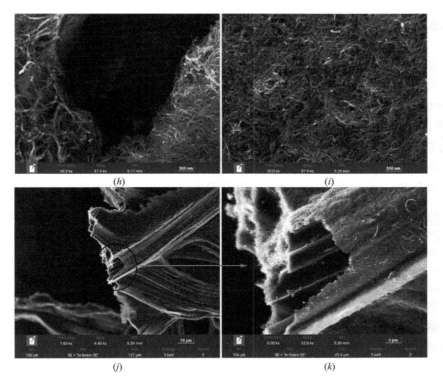

图 2-11　喷涂 4 次多孔 CNT 烧蚀骨架 SEM 图（二）

（a）放大 30 倍；烧蚀后呈中空的单根骨架：（b）放大 200 倍、（d）放大 1000 倍、（f）放大
5000 倍、（h）放大 20000 倍；烧蚀后搭接在纤维间的 CNT：（c）放大 200 倍、（e）放大 1000 倍、
（g）放大 5000 倍、（i）放大 20000 倍；样品边缘处形貌：（j）放大 1000 倍、（k）放大 5000 倍

然 CNT 对纤维布各处裸露的棉纤维表面形成了全面包裹，不仅如此，浆料中的 CNT 还将纤维连接在一起，如图 2-10（b）、图 2-10（d）、图 2-10（f）在纤维间的缝隙中也发现有大量 CNT 存在。多孔 CNT 烧蚀骨架的 SEM 图像显示骨架的整体结构仍为与 CNT 纤维布相似的层次交织结构，图 2-11（f）和图 2-11（j）为喷涂 4 次骨架样品单根骨架孔洞处和样品的边缘图像，可以明显看出骨架的中空结构，CNT 纤维布在微波辐照下产生电弧，在 1000℃的均匀高温下，棉纤维、表面活性剂等在 30s 内被分解成挥发性的小分子，仅有 CNT 被保留了下来，呈现原先包裹纤维的形态。相较 CNT 纤维布，由于棉纤维的热解削弱了纤维对骨架的支撑作用，骨架整体较为干瘪且出现了较多孔洞，还观察到纤维间搭接的 CNT 也受到了一定程度的破坏。

　　骨架间的孔洞和中空骨架结构具有大量 CNT 间的微小接触，产生了一种极其灵敏的电路，即使在很小的应变下，该电路也对任何 CNT-CNT 之间的断开都非常敏感，因此，该传感器在大应变范围内表现出高灵敏度。此外，骨架间孔洞和中空骨架的变形以及 CNT 与 CNT 之间的断开与搭接是传感器具有高柔性和耐久性的原因之一，空心骨架结构具有固有的柔性，有助于提高 CNT 骨架的变形能力，使得传感器具有良好的柔性。

2.4 本章小结

在本章中借助棉纤维的交织结构，利用 CNT 的吸波特性微波烧蚀附有 CNT 的纤维布，在 1000℃的高温下，棉纤维、表面活性剂等被分解成挥发性小分子被去除，具有交织结构的 CNT 骨架得以保留，通过此种方式制备了多孔 CNT 烧蚀骨架，通过四探针测试法测试了不同 CNT 附着量的 CNT 纤维布的电阻率，并对 CNT 在纤维布上的附着情况进行了分析；结合拉曼光谱探讨了微波烧蚀对 CNT 结构的影响，并对 CNT 纤维布和多孔 CNT 烧蚀骨架的微观形貌进行了表征，得出以下结论：

（1）利用喷漆喷涂可以实现 CNT 分散浆料在纤维布上均匀附着，四探针测试法计算 $\dfrac{R_{AB,CD}}{R_{BC,DA}}$ 值表明：不同喷涂次数所制得的都为均匀的样品，其中喷涂 4 次时 CNT 附着均匀性最好，$\dfrac{R_{AB,CD}}{R_{BC,DA}}$ 值最接近 1，为 1.047。喷涂 1～6 次数 CNT 纤维布的 ρ 分别为：65.0Ω·cm、17.4Ω·cm、12.62Ω·cm、8.13Ω·cm、6.5Ω·cm、4.96Ω·cm。ρ 越小，导电性能越好，CNT 纤维布的 ρ 随着喷涂次数的增加呈下降趋势，在 4 次之前迅速下降，4 次以后呈平稳降低趋势。

（2）微波烧蚀不会对 CNT 的结构造成破坏，烧蚀减少了 CNT 缺陷使得无序带 D 峰的拉曼峰值强度大幅下降，由 7570.83 下降到 5059.9，石墨带 G 峰拉曼峰值有轻微红移，强度基本保持未烧蚀前的水平，烧蚀后 CNT 骨架的 I_D/I_G 值由 1.038 降低到 0.718。

（3）制得的多孔 CNT 烧蚀骨架很轻，SEM 图显示 CNT 纤维布和多孔 CNT 烧蚀骨架呈现织物结构的交织样貌，区别在于 CNT 纤维布 CNT 包裹在棉纤维外围，形貌较为饱满；多孔 CNT 烧蚀骨架为中空骨架形式，骨架内没有纤维支撑较为干瘪，且骨架表面塌陷出现孔洞。随喷涂次数增加，多孔 CNT 烧蚀骨架逐渐粗壮，并且在骨架间的缝隙也逐渐有 CNT 填充。

参考文献

[1] 朱永凯，陈盛票，田贵云，等. 基于碳纳米管压阻效应的复合材料结构健康监测技术 [J]. 无损检测，2010，32（9）：664-669，674.

[2] 刘新福，孙以材，刘东升. 四探针技术测量薄层电阻的原理及应用 [J]. 半导体技术，2004，（7）：48-52.

[3] 朱俊杰，刘磁辉，林碧霞，等. 范德堡方法在 ZnO 薄膜测试中的应用 [J]. 发光学报，2004，25（3）：317-319.

[4] Matsuo S，Sottos N R. Single carbon fiber transverse electrical resistivity measurement via the van der Pauw method [J]. Journal of Applied Physics，2021，130（11）：115105.

[5] 王富威，宋斌，王彤涵. 范德堡法样品电极位置对测量结果的影响 [J]. 稀有金属，1996，（3）：236-238.

[6] 于道永，徐海，阙国和. 石油非加氢脱氮技术进展 [J]. 化工进展，2001，（10）：32-35.

[7] Nag A，Mukhopadhyay S C. Fabrication and implementation of carbon nanotubes for piezoresistive-sensing applications：A review [J]. Journal of Science：Advanced Materials and Devices，2022，7（1）：100416.

[8]　Lee J，Kim J，Shin Y，et al. Ultra-robust wide-range pressure sensor with fast response based on polyurethane foam doubly coated with conformal silicone rubber and CNT/TPU nanocomposites islands [J]. Composites Part B：Engineering，2019，177：107364.

[9]　Feng D，Liu P，Wang Q. Exploiting the piezoresistivity and EMI shielding of polyetherimide/carbon nanotube foams by tailoring their porous morphology and segregated CNT networks [J]. Composites Part A：Applied Science and Manufacturing，2019，124：105463.

[10]　Jin H，Abu Y S，Haick H. Advanced materials for health monitoring with skinbased wearable devices [J]. Advanced Healthcare Materials，2017，6 (11)：1700024.

[11]　Yang T，Xie D，Li Z，et al. Recent advances in wearable tactile sensors：Materials，sensing mechanisms，and device performance [J]. Materials Science and Engineering R，2017，115：1-37.

[12]　Qu S，Dai Y，Zhang D，et al. Carbon nanotube film based multifunctional composite materials：an overview [J]. Functional Composites and Structures，2020，2 (2)：022002.

[13]　Zhao S，Ahn J H. Rational design of high-performance wearable tactile sensors utilizing bioinspired structures/functions，natural biopolymers，and biomimetic strategies [J]. Materials Science and Engineering R，2022，148：100672.

[14]　Lai Q T，Zhao X H，Sun Q J，et al. Emerging MXene-based flexible tactile sensors for health monitoring and haptic perception [J]. Small，2023：2300283.

[15]　Zarei M，Lee G，Lee S G，et al. Advances in biodegradable electronic skin：Material progress and recent applications in sensing，robotics，and human-machine interfaces [J]. Advanced Materials，2023，35 (4)：2203193.

[16]　Meena K V，Sankar A R. Biomedical catheters with integrated miniature piezoresistive pressure sensors：A review [J]. IEEE Sensors Journal，2021，21 (9)：10241-10290.

[17]　Luo X L，Schubert D W. Experimental and theoretical study on piezoresistive behavior of compressible melamine sponge modified by carbon-based fillers [J]. Chinese Journal of Polymer Science，2022，40 (11)：1503-1512.

[18]　Palumbo A，Yang E H. Current trends on flexible and wearable mechanical sensors based on conjugated polymers combined with carbon nanotubes [M] //Conjugated Polymers for Next-Generation Applications. Woodhead Publishing，2022：361-399.

[19]　Zhang Y，Zhang T，Huang Z，et al. A new class of electronic devices based on flexible porous substrates [J]. Advanced Science，2022，9 (7)：2105084.

[20]　Vu C C，Truong T T N，Kim J. Fractal structures in flexible electronic devices [J]. Materials Today Physics，2022，27：100795.

[21]　Mazari S A，Ali E，Abro R，et al. Nanomaterials：applications，waste-handling，environmental toxicities，and future challenges - a review [J]. Journal of Environmental Chemical Engineering，2021，9 (2)：105028.

[22]　Yao S，Ren P，Song R，et al. Nanomaterial-enabled flexible and stretchable sensing systems：processing，integration，and applications [J]. Advanced Materials，2020，32 (15)：1902343.

[23]　Xu S，Xu Z，Li D，et al. Recent advances in flexible piezoresistive arrays：materials，design，and applications [J]. Polymers，2023，15 (12)：2699.

[24]　Huang H，Zhong J，Ye Y，et al. Research progresses in microstructure designs of flexible pressure sensors [J]. Polymers，2022，14 (17)：3670.

[25]　Camilli L，Passacantando M. Advances on sensors based on carbon nanotubes [J]. Chemosensors，

2018，6（4）：62.

[26] Coiai S，Passaglia E，Pucci A，et al. Nanocomposites based on thermoplastic polymers and functional nanofiller for sensor applications [J]. Materials，2015，8（6）：3377-3427.

[27] Zhang R，Jiaang J，Wu W. Scalably nanomanufactured atomically thin materials-based wearable health sensors [J]. Small Structures，2022，3（1）：2100120.

[28] Xin M，Li J，Ma Z，et al. MXenes and their applications in wearable sensors [J]. Frontiers in Chemistry，2020（8）：297.

[29] Kapat K，Shubhraa Q T H，Zhou M，et al. Piezoelectric nano-biomaterials for biomedicine and tissue regeneration [J]. Advanced Functional Materials，2020，30（44）：1909045.

[30] Yu L P，Zhou X H，Lu L，et al. MXene/Carbon nanotube hybrids：synthesis，structures，properties，and applications [J]. Chem Sus Chem，2021，14（23）：5079-5111.

[31] Fu Q，Cui C，Meng L，et al. Emerging cellulose-derived materials：a promising platform for the design of flexible wearable sensors toward health and environment monitoring [J]. Materials Chemistry Frontiers，2021，5（5）：2051-2091.

[32] Hang G，Wang X，Zhang J，et al. Review of MXene nanosheet composites for flexible pressure sensors [J]. ACS Applied Nano Materials，2022，5（10）：14191-14208.

[33] Qin R，Li X，Hu M，et al. Preparation of high-performance MXene/PVA-based flexible pressure sensors with adjustable sensitivity and sensing range [J]. Sensors and Actuators A：Physical，2022，338：113458.

[34] Huang H，Su S，Wu N，et al. Graphene-based sensors for human health monitoring [J]. Frontiers in Chemistry，2019（7）：399.

[35] Lou Z，Wang L，Jiang K，et al. Reviews of wearable healthcare systems：Materials，devices and system integration [J]. Materials Science and Engineering R，2020，140：100523.

[36] Lyu Q，Gong S，Yin J，et al. Soft wearable healthcare materials and devices [J]. Advanced Healthcare Materials，2021，10（17）：2100577.

[37] Chen L，Hu B，Gao X，et al. Double-layered laser induced graphene（LIG）porous composites with interlocked wave-shaped array for large linearity range and highly pressure-resolution sensor [J]. Composites Science and Technology，2022，230：109790.

[38] Chen M，Luo W，Xu Z，et al. An ultrahigh resolution pressure sensor based on percolative metal nanoparticle arrays [J]. Nature Communications，2019，10（1）：4024.

第 3 章 PVDF 压电智能传感层材料制备及性能表征

3.1 引言

PVDF 的分子结构简单，分子链中（-CF$_2$-CH$_2$-）单元重复出现，PVDF 的压电性来源于垂直于聚合物链的偶极矩是由负电的氟原子引起的，电偶极矩的值约为 7.58×10^{-28} C·cm，因此偶极子的取向排列决定了 PVDF 的压电性大小。PVDF 具有复杂的晶型特征，现已发现 α 相、β 相、γ 相、δ 相、ε 相 5 种晶相，其中最常见的晶相是：α 相、β 相和 γ 相，其中 β 和 γ 相为极性相，其分子链特殊的排列方式使其表现出压电性，又以 β 相极性最强，而由于 α 相热力学性能最稳定，故 PVDF 晶体最常见的是非极性的 α 相。尽管非晶体也有一定影响，但 PVDF 晶相中偶极子的取向排列和其在外加电场下的偏转，仍是 PVDF 材料具有压电效应的根本原因。所以当 β 相含量高时，PVDF 薄膜才会表现出相对较好的压电性能，极化处理是压电类材料研制和生产过程中的一个重要过程，它对压电材料的机械和电学性能有极大的影响，只有经过极化处理，材料才具有宏观上的压电性，才能进一步加工成压电元件。对于 PVDF 这类多晶压电半导体材料来说，极化仍然对其材料特性起着至关重要的作用，PVDF 中的 α 相和 γ 相可以根据实验的工艺条件不同而转化为 β 相，增加材料的压电性，因此将 PVDF 中非压电晶相转化为压电晶相是一个重要问题，这也是目前扩大 PVDF 应用的主要挑战。

本章采用溶胶—凝胶法从 PVDF 均匀溶液中直接结晶成型得到初始柔性薄膜，随后在不同温度下高压极化处理 PVDF 薄膜，测试了薄膜压电常数 d_{33} 和相对介电常数来表征所制备薄膜的电学性能，并采用傅里叶红外光谱（FTIR）和 X 射线衍射图（XRD）原位分析薄膜的晶相情况，进一步地根据 FTIR 测试结果计算了压电相含量，上述测试旨在确定 PVDF 薄膜的处理条件以用于后续传感性能实验。

3.2 PVDF 压电传感层的制备

3.2.1 实验原料

制备 PVDF 薄膜所需的实验材料见表 3-1。

主要实验材料 表 3-1

名称	化学式	厂家
聚偏二氟乙烯粉末(PVDF)	(-CH$_2$CF$_2$-)$_x$[-CF$_2$CF(CF$_3$)-]$_y$	法国阿科玛集团

名称	化学式	厂家
N,N-二甲基甲酰胺(DMF)	C_3H_7NO	国药集团化学试剂有限公司
二甲基硅油	$C_6H_{18}OSi_2$	美国道康宁公司
无水乙醇	C_2H_5OH	青岛世纪星化学试剂有限公司
铜靶材	Cu	中诺芯材(北京)科技有限公司
导电银浆	DAD-40	上海市合成树脂研究所

3.2.2 实验仪器

除前文所述部分仪器外,制备 PVDF 薄膜所需主要实验仪器见表 3-2。

主要实验仪器 表 3-2

仪器名称	型号	厂家
恒温加热磁力搅拌器	DF-101S	河南省予华仪器有限公司
通风柜	JH-007	湖北特尔诺实验室设备有限公司
恒温台	HP-2525	温州汉邦电子有限公司
四氟乙烯模具	$3cm \times 3cm \times 0.5cm$	深圳兴安达五金塑胶制品有限公司
真空负压桶	S VP-1	温岭市阳一机电有限公司
真空干燥箱	DZF-6050	上海一恒科学仪器有限公司
高压直流电源	DW-P602-10ACFO	东文高压电源(天津)有限公司
极化电极	$0.2cm \times 2cm \times 4cm$	郑州浩征钢铁有限公司
准静态 d_{33}/d_{31} 测量仪	ZJ-6A	中国科学院声学研究所
高真空磁控溅射薄膜沉积系统	Ck350	沈阳鹏程真空技术有限责任公司
傅里叶变换红外光谱仪	Frontier	美国 Perkin Elmer 公司
X 射线衍射仪	XRD-6100	日本岛津

3.2.3 实验过程

(1) PVDF 溶液配制。首先称取 8.36g PVDF 粉末 80℃溶于 80mL DMF 中,磁力搅拌 2h 至 PVDF 粉末完全溶解,冷却至室温后将所得溶液置于恒温水浴超声锅中 250W 处理 5min 排出溶液内的气泡。

(2) 溶液入模、消泡。用无水乙醇洗去四氟乙烯模具表面的粉尘、油脂等污染物,将清洗干净的模具放入 60℃烘箱中干燥备用,使用注射器定量抽取 PVDF 溶液注入模具中,溶液入模后用压强为 1.6MPa 的真空负压桶真空脱泡 30min,以防止薄膜干燥后表面出现微小气孔和凹凸不平等缺陷。

(3) 挥发溶剂。放置于恒温台挥发 1h,恒温台温度为 80℃,待大量 DMF 溶剂挥发后为确保溶剂完全挥发以及提供薄膜结晶度,再置于真空干燥箱中 80℃下加热 7h 除尽 DMF 溶剂,此过程需在通风柜内进行,待溶剂完全挥发后从模具中缓慢拉下薄膜即得到初始 PVDF 薄膜。

(4) 对初始 PVDF 薄膜进行极化处理。极化装置如图 3-1 所示,将初始 PVDF 薄膜放置在硅油中加热,温度分别设置为 60℃、70℃、80℃、90℃和 100℃,电场强度

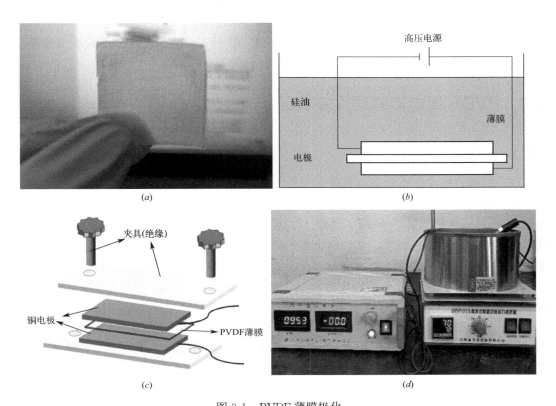

图 3-1　PVDF 薄膜极化

（a）初始 PVDF 薄膜；（b）极化示意图；（c）极化电极示意图；（d）极化装置

50MV/m 条件下极化处理 30min，随后在外加电场下冷却至室温，这样可以将高温环境下转向的偶极子保持，由于偶极子在薄膜分子内阻力的作用下不翻转薄膜不会退极化，极化后用无水乙醇清洗薄膜直至薄膜表面的硅油完全去除，静置 24h。

（5）溅射薄膜表面导电层。PVDF 薄膜极化处理后，用专用胶带固定在磁控溅射薄膜沉积系统基片上，送入如图 3-2（a）所示磁控溅射薄膜沉积系统真空室中，磁控溅射

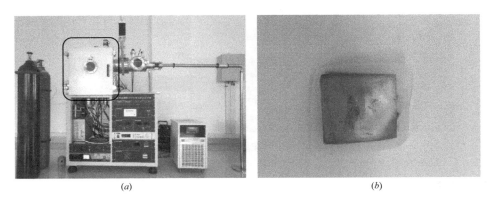

图 3-2　溅射薄膜表面导电层沉积

（a）高真空磁控溅射薄膜沉积系统；（b）溅射导电层的 PVDF 薄膜

180s，另一面进行同样处理。

（6）用导电银浆将导线粘贴在导电层上，80℃烘干 30min，得到 PVDF 压电传感层，最终传感层尺寸为 2.5cm×2.5cm，厚度在 0.18～0.2mm。

3.3 PVDF 压电传感层性能表征

3.3.1 压电常数测试

压电常数反映了压电材料弹性性能与介电性能间的耦合关系。压电常数越大，表明材料弹性性能与介电性能之间的耦合越强，因此通过压电材料的压电常数大小可判定其压电性能的好坏，在其他条件相同的情况下，可以认为压电常数越大，压电性能就越好。图 3-3 为 ZJ-6A 型准静态 d_{33}/d_{31} 测试仪，测量 PVDF 薄膜的压电常数 d_{33}，d_{33} 表示极化电场的方向与测量过程中施加的应力或应变的方向相一致。极化的目的在于使 α-PVDF 分子链中的 C-F 偶极子转动沿特定方向（如极化电场方向）取向一致，从而获得压电效应。C 原子与 F 原子各自分布在 β-PVDF 分子链两侧，呈全反式构象，在 PVDF 的几种晶型中分子偶极矩最大。研究表明极化温度对偶极翻转矫顽电场值的大小有明显影响，极化温度的升高，有助于提高 PVDF 薄膜内部电偶极子及其他载流子的热运动速率，增强分子链活动性，降低偶极矩取向阻力。图 3-4（a）为极化温度分别为 60℃、70℃、80℃、90℃、100℃时 PVDF 薄膜的压电常数 d_{33}。可以看出随极化温度的升高压电信号逐渐增强，极化温度小于 70℃时，PVDF 薄膜活性较低，压电常数也较小；由于温度升高时薄膜漏电流显著增大产生局部导电，100℃时薄膜发生了击穿，两极化电极间短路导致极化终止，薄膜极化不充分使得 100℃时薄膜压电常数 d_{33} 反而最小。实验得出 PVDF 薄膜在 90℃极化时，薄膜的成品率最高，且压电常数 d_{33} 最大，为 13.3pc/N。在一些文献中仅经过极化处理所得的纯 PVDF 薄膜 d_{33} 在 1～22pc/N，可见所得的 PVDF 薄膜的 d_{33} 在合理范围内。

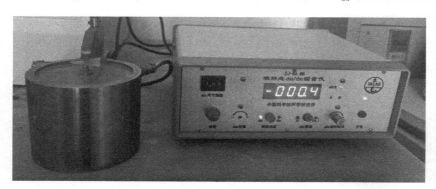

图 3-3　ZJ-6A 型准静态 d_{33}/d_{31} 测量仪

3.3.2 相对介电常数

压电薄膜两面溅射电极后便形成了电容器结构，介电常数 ε 即电容率，通常采用相对介电常数 $ε_r$ 来表示，就压电材料而言，相对介电常数从侧面反映了极化程度，相对介电

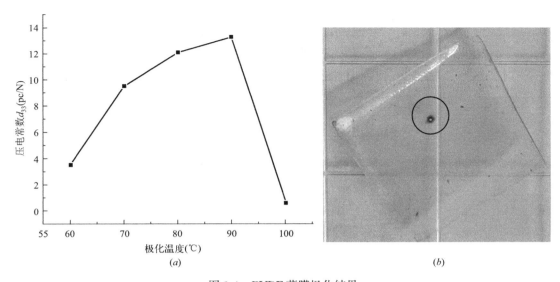

图 3-4　PVDF 薄膜极化结果

（a）极化温度与压电常数的关系；（b）100℃时 PVDF 薄膜发生击穿（圈中为击穿部位）

常数越大，极化程度越大，可储存的电荷也越多，依据以下公式：

$$\varepsilon_r = \frac{Cd}{\varepsilon_0 A} \tag{3-1}$$

式中　C——薄膜电容值；

　　　d——薄膜厚度；

　　　ε_0——真空介电常数，其值为 $8.85 \times 10^{-12} \mathrm{F/m}$；

　　　A——薄膜电极相对面积。

通过测量压电薄膜的电容值，可以计算得到压电薄膜的相对介电常数。

使用 TH2817B LCR 电桥测得的不同极化温度处理的 PVDF 薄膜在不同频率下的电容值，图 3-5 为所得相对介电常数。由图 3-5 可知未极化处理的 PVDF 薄膜相对介电常数在 13~14.5，而极化处理后的 PVDF 薄膜相对介电常数明显下降。铁电材料介电常数主要来源于正负离子相对位移形成的晶格振动，PVDF 作为一种铁电材料，其分子链中 C-F 键的电负性差异形成了偶极子的正负离子，故 PVDF 的介电常数与 CF_2 基团在测试频率下的运动有关。极化使得 PVDF 分子链上的偶极子取向，形成了内建电场。链间内建电场的存在削弱了 CF_2、CH_2 基团的运动，因此减小了介电常数。另外随极化温度的升高 PVDF 介电常数增大，这是由于极化温度升高促进了偶极子的取向，储存电荷的能力增强，当极化温度为 90℃时，相对介电常数更接近未极化的 PVDF 薄膜，在低频时达到了 14.28。

当外加电场频率增加，引起材料中的偶极子转向运动困难，极化的过程渐渐落后于外加电场的变化频率，电介质存储电荷的能力减弱，介电常数表现出如图 3-5 所示随频率增加而减小的规律。

3.3.3　FTIR 测试

FTIR 是通过测量干涉图并对干涉图进行傅里叶变换来测定红外光谱。红外光谱的强

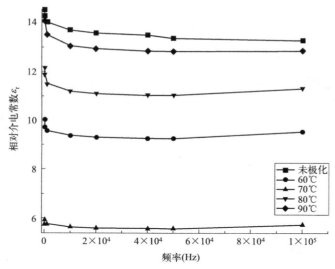

图 3-5　不同极化温度、频率下 PVDF 薄膜的相对介电常数

度 $h(\delta)$ 与形成该光的两个相干光的光程差 δ 之间有傅里叶变换的函数关系。傅里叶红外光谱是通过计算机技术对傅里叶变换进行数学处理，结合红外光谱学进行分析鉴定。

　　当样品被放置在干涉仪的光路中时，随被测样品吸收特定频率的能量，所产生的干涉强度曲线也相应地发生变化，通过数学的傅里叶变换技术，可将干涉图上每个频率转变为相应的光强，从而得到整个红外光谱图，根据光谱图的各种特征可以用于识别未知物质的官能团、确定化学结构、观察化学反应、识别同分异构体和分析物质的纯度等。本节利用 FTIR 分析了不同极化温度下 PVDF 薄膜的晶相，测试采用衰减全反射（ATR）模式进行了 PVDF 薄膜原位吸光度的测试，波数范围为 600～4000cm^{-1}。

　　图 3-6 为不同极化温度处理的 PVDF 薄膜的 FTIR 图。PVDF 的红外振动吸收模式主要有 CH$_2$ 伸缩振动、CH$_2$ 弯曲振动、CF$_2$ 伸缩振动和结晶相振动四种模式。非某一晶相的特征吸收峰无法对 PVDF 晶相进行区分，如 1066cm^{-1} 处为 PVDF 结晶相吸收峰，但在 α、β、γ 相中均有出现，另 1180cm^{-1} 与 1404cm^{-1} 也在三种晶相中普遍存在，对应表 3-3 可以对图 3-6 中红外吸收峰 PVDF 晶相进行判断。

PVDF 薄膜的 FTIR 特征峰　　　　　　　　　　　　　　　　　　表 3-3

波数（cm^{-1}）	红外振动吸收模式
615	α 相
763	α 相
796	α 相
840	β 相
880	无定形相
1066	结晶相
1180	CF$_2$ 对称伸缩振动
1234	γ 相
1276	β 相
1404	CH$_2$ 弯曲振动

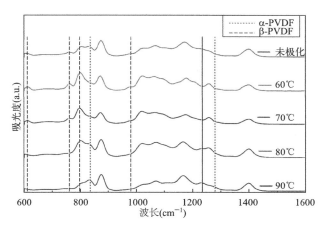

图 3-6　不同极化温度处理下 PVDF 薄膜的 FTIR 光谱图

如图 3-6 所示，特征吸收峰的强度随极化温度的变化有所变化，具体表现为随极化温度的升高，α 相特征吸收峰先增强后减弱，同时 β 相特征吸收峰增强，90℃ 时在 1234cm^{-1} 出现了微弱的 γ 相特征吸收峰。根据 763cm^{-1} 和 840cm^{-1} 的 α 相和 β 相特征吸收峰强度，由 Gergorio 方程可以对 PVDF 中 β 相的含量进行计算：

$$F(\beta) = \frac{A_\beta}{\left(\dfrac{k_\beta}{k_\alpha}\right)A_\alpha + A_\beta} \times 100\%$$ (3-2)

式中　$F(\beta)$——PVDF 中 β 相含量（%）；

A_α，A_β——763cm^{-1} 处 α 相特征吸收强度和 840cm^{-1} 处 β 相特征吸收强度；

k_α，k_β——763cm^{-1} 处 α 相摩尔面积系数，为 6.1×10^4 cm^2/mol；840cm^{-1} 处 β 相摩尔面积系数，为 7.7×10^4 cm^2/mol。

根据公式（3-2），不同极化温度下 PVDF 薄膜中 β 相的含量计算结果列于表 3-4 中，在 90℃ 下进行极化时，β 相 PVDF 的含量最高为 84.977%，这与压电常数的测试结果也一致。王倩等分析 PVDF 的 TD-MIR 后认为 PVDF 发生相变前，在 303～433K 升温范围内 α 相吸收强度先增后减，而 β 相吸收强度持续增加，这与图 3-6 特征峰的变化趋势一致，也对表 3-4 中 β 相含量先减后增，而压电常数持续增大作出了解释。

不同极化温度处理下 PVDF 薄膜的 β 相含量　　　　　　　　　　　　　　　表 3-4

极化温度（℃）	$F(\beta)$（%）
未极化薄膜	68.597
60	58.677
70	61.295
80	76.751
90	84.977

3.3.4 XRD 测试

图 3-7 为不同极化处理温度下 PVDF 薄膜的 XRD 曲线，测试采用 Cu-Ka 辐射源，测试电压 50kV，靶电流 40mA，扫描范围：10°～70°，扫描速率 5°/min。图 3-7 中 18.4°、19.9°、26.6°处对应 α 晶相的（020）、（110）、（021）晶面，20.42°、36.53°则对应 β 晶相的（110/220）、（310/020）晶面。XRD 衍射图表现出与 FTIR 测试一致的变化趋势，随着极化温度的升高，α 相在 18.4°、19.9°、26.6°处特征衍射峰强度表现出先增强后减弱的趋势，极化处理使 PVDF 薄膜在 20.42°出现了明显的 β 相的特征衍射峰，而且随温度升高 β 相在 20.42°、36.53°处衍射峰强度都逐渐增强，而 α 相在 19.9°、26.6°处的衍射峰几乎消失。

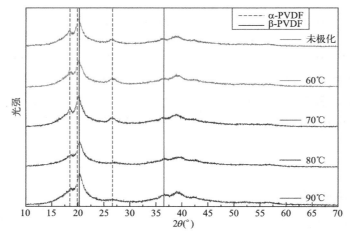

图 3-7　不同极化温度处理下 PVDF 薄膜的 XRD 衍射图

3.4　本章小结

在本章中溶胶—凝胶法制备 PVDF 薄膜主要包括成膜和极化两个流程，首先利用 DMF 溶解 PVDF 粉末，经过注模、挥发 DMF 溶剂等流程，得到薄膜形式的 PVDF，再利用高压直流电源对薄膜进行极化处理，本实验极化场强 50MV/m，将极化温度定为 60℃、70℃、80℃、90℃、100℃，通过控制极化温度获得高压电性的 PVDF 薄膜，得出以下结论：

（1）通过溶胶—凝胶法可以制得柔软轻薄的 PVDF 薄膜，所得薄膜厚度在 0.18～0.2mm，薄膜的最佳极化条件为 90℃极化 30min。

（2）随极化温度的升高 PVDF 薄膜的压电常数逐渐增大，薄膜压电性逐渐增强，但当极化温度达到 100℃薄膜发生击穿导致压电常数骤减，在 90℃下进行极化时，压电常数达到最大，为 13.3pc/N。

（3）极化后的 PVDF 薄膜相对介电常数较未极化前明显下降，另随极化温度的升高 PVDF 介电常数增大，当极化温度为 90℃时，相对介电常数更接近未极化的 PVDF 薄膜，在低频时达到了 14.28。

（4）FTIR 测试结果表明较高的极化温度下 β 相含量明显比未极化、低温极化时高，随极化温度的升高非压电 α 相特征吸收峰先增强后减弱，β 相特征吸收峰增强，90℃时在 1234cm^{-1} 出现了微弱的 γ 相特征吸收峰，此温度下 β 相 PVDF 的含量最高，为 84.977%。

（5）PVDF 晶相的 XRD 测试结果与 FTIR 相一致，其中极化薄膜在 20.42°出现了明显的 β 相衍射峰，而随极化温度升高 19.9°、26.6°处的 α 相衍射峰几乎消失。

参考文献

[1] 赵春毛．基于 PVDF-TrFE/ZnO 复合薄膜的柔性压电传感器的制备及性能研究 [D]．太原：中北大学，2019.

[2] 张鑫，范翠英．压电半导体的极化处理及性能研究 [J]．半导体光电，2019，40（6）：842-845，890.

[3] 魏雪．纳米 PZT 粉体制备及 PZT/CNT/水泥复合材料压电传感性能探究 [D]．青岛：青岛理工大学，2014.

[4] Hsu S，Lu F，Waldman D，et al. Analysis of the crystalline phase transformation of poly（vinylidene fluoride）[J]．Macromolecules，1985，18（12）：2583-2587.

[5] 马安彤，付超，楚慧颖，等．高 β 相聚偏氟乙烯基复合体系的制备及压电性能 [J]．应用化学，2020，37（12）：1411-1419.

[6] 杨路，赵秋莹，申明霞，等．二氧化锰纤维/聚偏氟乙烯复合材料薄膜的制备及压电性能 [J]．材料导报，2020，34（24）：24145-24149.

[7] 周波，郑慧娟，王霞君．双向拉伸对 PVDF 压电薄膜结晶行为的影响 [J]．化工生产与技术，2021，27（1）：4-8，49.

[8] 黄卫清，李德友，李霞，等．0-3 型 PVDF/BaTiO$_3$ 复合压电薄膜制备工艺及性能研究 [J]．塑料科技，2021，49（3）：6-11.

[9] 柯礼燕，徐磊，邹欣蓝，等．表面改性提高 PVDF-HFP/ZnO 复合薄膜的压电输出 [J]．纺织科学与工程学报，2021，38（4）：68-71.

[10] 张奔，徐磊，张淑洁，等．PVDF 柔性脉搏传感器的设计 [J]．天津纺织科技，2022，（1）：44-47.

[11] 曹万强．铁电体的介电常数 [J]．大学物理，2015，34（2）：25-28.

[12] Yuan J K，Yao S H，Dang Z M，et al. Giant dielectric permittivity nanocomposites：realizing true potential of pristine carbon nanotubes in polyvinylidene fluoride matrix through an enhanced interfacial interaction [J]．The Journal of Physical Chemistry C，2011，115（13）：5515-5521.

[13] 尉念伦，赵茉含，陈丽云，等．聚苯乙烯变温红外光谱研究 [J]．纺织科学与工程学报，2019，36（1）：129-133.

[14] 张蕊，戎媛，王雪琪，等．聚偏二氟乙烯结构及热稳定性研究 [J]．有机氟工业，2020，（4）：26-30.

[15] 杨思寒．共混聚己二酸丁二醇酯对聚偏氟乙烯结晶过程中晶型转变的影响研究 [D]．北京：北京化工大学，2018.

[16] Kuo W-K，Shieh M-Y，Yu H-H．Three-dimensional infrared absorption of hot-drawn and poled electro-optic PVDF films [J]．Materials Chemistry and Physics，2011，129（1-2）：130-133.

[17] 李萌萌，常明，张勇，等．聚偏二氟乙烯的 C-F 伸缩振动模式三级中红外光谱研究 [J]．合成树

脂及塑料，2021，38（6）：9-14.

[18] 唐子涵．退火温度及拉伸对聚偏氟乙烯晶型转变影响研究［D］．北京：北京化工大学，2020.

[19] 王倩，李萌萌，戎媛，等．温度对聚偏二氟乙烯 α 晶型、β 晶型及 γ 晶型结构的影响［J］．弹性体，2021，31（6）：16-22.

[20] 王继甜，陈卓，汪宇琪，等．单轴拉伸对聚偏二氟乙烯薄膜压电响应性能的影响［J］．高分子学报，2020，51（12）：1367-1373.

[21] Okada D，Kaneko H，Kato K，et al. Colloidal crystallization and ionic liquid induced partial β-phase transformation of poly（vinylidene fluoride）nanoparticles［J］. Macromolecules，2015，48（8）：2570-2575.

[22] 孙倩倩，田昕，邢俊红，等．PVDF 基含氟聚合物压电传感器声发射性能［J］．西安理工大学学报，2020，36（2）：205-213.

第 4 章 锌基压电/压阻复合传感器材料制备与性能研究

4.1 引言

压电材料大致分为四种，晶体型、半导体型、陶瓷多晶型以及高分子压电材料。具有代表性的陶瓷多晶压电体，高的压电、介电系数使其压力敏感程度非常明显，目前主要运用在医疗磁共振等尖端科技中，因其生产成本高且容易生产损害环境的氧化铅污染物。相较于 PZT，纳米 ZnO 是兼具压电性能且环境友好的重要半导体，在元素周期表中排列 30 位，作为 II-VI 族氧化物，具有良好的半导体性质。在纳米 ZnO 的晶格结构上，晶体结构具有不对称性，纳米 ZnO 因此表现出一定的力电转换响应性能。

CNT 作为纳米管状材料，具有极高的弹性模量、复杂的电子构成使得其在电学力学方面展现出特殊性。目前在处理 CNT 的方式制备工艺上面临的最大的问题是如何克服因缺陷而导致的团聚和缠绕问题，目前处理的方式主要是从化学和物理两方面进行。本章还分别制备了 CNT 压阻层和 CNT 导电层。首先通过层层自组装沉积压阻层，其次是运用超声破碎的制备工艺，共混 CNT、聚乙烯醇、氧化锌得到完整度良好且跟基片结合良好的压阻层；同时进行了压阻层的性能测试，微观表征。

将具有压阻性能的 CNT 薄膜与具有压电性能的 ZnO 薄膜复合在一起，初步完成课题组的基本构想，完成夹层式复合型薄膜传感器的研究。结合 ZnO 压电层的制备工艺以及 CNT 压阻层的制备工艺，做成夹层式结构。通过预制在试块上，对施加压力的节点进行压力检测测试，以及通过三点弯曲实验研究循环荷载、加速荷载对传感器的电阻率影响。分别对传感器元件的压电模块、压阻模块进行了分析，并进行了压电/压阻综合传感性能的分析。

4.2 纳米 ZnO 制备及综合性能研究

4.2.1 ZnO 制备方案

本节将介绍三种制备方案，第一种是通过预先制备种子层，再以硝酸锌 $[Zn(NO_3)_2 \cdot 6H_2O]$ 和氨水作为原料在锌金属片表面进行直接沉淀；第二种是以氢氧化钠（NaOH）、Zn 作为基本元素通过析出结晶的制备工艺制备氧化锌；第三种是以 $Zn(NO_3)_2 \cdot 6H_2O$、氨水生成的纳米 ZnO 粉体作为原料进行压片成型得到纳米 ZnO 压电片。

本节主要介绍关于纳米 ZnO 制备的相关实验材料以及主要的实验仪器，表 4-1 展示的是主要实验材料、化学式、纯度、厂家、主要用途。

纳米 ZnO 制备主要实验材料表 表 4-1

名称	化学式	纯度	厂家	主要用途
锌	Zn	≥99%	天津富辰化学试剂公司	主材料；前驱体
硝酸锌	$Zn(NO_3)_2 \cdot 6H_2O$	≥99%	国药集团化学试剂有限公司	主材料；前驱体
醋酸锌	$Zn(CH_3COO)_2$	≥99%	国药集团化学试剂有限公司	种子层
氢氧化钠	NaOH	≥96%	上海埃彼化学试剂有限公司	主材料
PVA(2000)	$(C_2H_4O)_n$	≥98%	国药集团化学试剂有限公司	胶粘剂
无水乙醇	C_2H_6O	≥99%	国药集团化学试剂有限公司	溶剂
氨水	$NH_3 \cdot H_2O$	25%～28%	国药集团化学试剂有限公司	主材料
去离子水	H_2O		实验室自制	溶剂；反应物

表 4-2 展示的是主要实验仪器、型号以及厂家与主要用途。

主要实验仪器 表 4-2

名称	型号	厂家	主要用途
超声波清洗机	KQ2200DB	昆山超声仪器有限公司	超声分散
恒温干燥箱	HG101-1A 型	南京实验仪器厂	干燥成干凝胶
超声破碎机	FS-550T	上海生析超声仪器有限公司	分散
匀胶机	KW-4B	北京塞德凯斯电子有限责任公司	旋涂种子层
红外压片机		德国布鲁克 Bruker 公司	粉体压片
真空干燥箱	DZF	上海一恒科学仪器有限公司	干燥粉体
高温炉	XZK-3 型	龙口市电路制造厂	陶瓷化
X-射线衍射仪	D8 Advance 型	德国 Brljker 公司	物相分析
激光粒度分析仪	Rish-2000 型	济南润之科技有限公司	粒度分析
热重分析仪	SDTQ600	上海精密科学仪器有限公司	官能团的损失
扫描电子显微镜	S3500N 型	日本 Hatchi 公司	表观形貌分析

此外，还需多种玻璃仪器作为反应容器、容器，例如 150mL 反应釜、石英坩埚、玻璃皿、滴管、微量取样器，100mL、250mL、500mL 烧杯，100mL 量筒、250mL 量筒、pH 试纸等。

4.2.2 碱法制备 ZnO（析出结晶法）

1. ZnO 析出结晶法制备过程（图 4-1）

步骤 1：用分析天平称量 20mg 的 NaOH 倒入 200mL 的水中溶解，溶液浓度 2.5mM，按照摩尔比为 2∶1 的比例，称量 40mg 的纳米 ZnO 粉体进行溶解，置于超声清洗机中进行超声，超声条件为 60℃、40kHz，得到少量浑浊溶液；

步骤 2：剪取锌片，用砂纸打磨表面光亮，分别经过丙酮、乙醇、蒸馏水在超声清洗机中进行清洗，温度 60℃，分别保持 2h，总共超声 6h，得到锌基片；

步骤 3：将清洗过后的锌片放置盛放 150mL 蒸馏水的烧杯中在超声破碎机超声 1h，功率 21kHz，开循环时间 30s、闭循环时间 5s（图 4-2）；

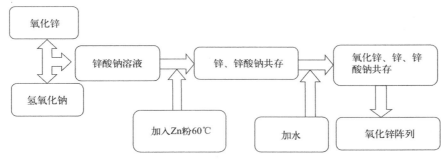

图 4-1　碱法制备纳米 ZnO 流程图

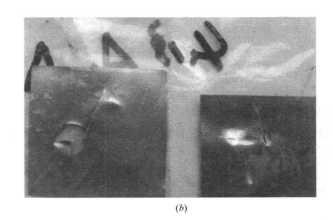

(a)　　　　　　　　　　　　　　　　　(b)

图 4-2　经超声破碎仪处理的锌片实物图

（a）未用丙酮、乙醇洗涤；（b）丙酮、乙醇洗涤

步骤 4：将步骤 3 超声破碎机余下的锌片取出，将剩余液体进行烘干，得到粉状金属锌，与步骤 1 溶液进行混合，放置在真空干燥箱中，加热温度 80℃，保持 2h，取出烧杯冷却至 12h，目的是溶解锌粉防止在生长 ZnO 过程中，放进的基片金属锌发生溶解；

步骤 5：将步骤 2 制备打磨好的锌片与 150mL 溶液注入反应釜中，放置到养护箱中，设定温度为 150℃，加热时间为 6h，降至室温，得到纳米 ZnO；

步骤 6：为方便物相分析，取下白色粉末放置在马弗炉内设定温度为 860℃，升温时间为 43min，每分钟升温 20℃，之后温度保持 1h；将制备的氧化锌片体用去离子水进行洗涤，提取沉淀物再进行烘干，得到较为纯净的氧化锌。图 4-3 为氧化锌表观实物图。

通过外观观察可以发现氧化锌的颜色在高温下发生了变化，生成绿色的氧化锌，在高温下是由于氧化锌的缺陷造成的，纳米 ZnO 的能级缺陷位置，与元素锌、氧相关，其中与锌元素有关的能级为浅施主能级，距离导带 0.4eV，命名为填隙缺陷；对于晶体结构来讲，晶体缺陷将影响晶体的整体性能，相应的距离价带 0.3eV 是锌空位缺陷都属于点缺陷的范围之内；另外在距离价带 1.08eV 的位置为氧锌替位缺陷，距离导带底 1.56eV 处是氧空位缺陷引起的深杂质能级，这种杂质缺陷为点缺陷，与温度密切相关；还有氧填隙缺陷出现在距离价带 1.35eV 处。

（a）   （b）

图 4-3　纳米氧化锌表观实物图

（a）860℃；（b）室温条件下

2. 碱法制备 ZnO 过程分析

为验证制备得出的纳米 ZnO，分别对氧化锌进行了 XRD 定性分析、SEM 物像分析、TGA 成分分析，以及粒度分析测试，发现在物质成分组成、粒径大小以及粒度大小上均严格符合纳米 ZnO 的要求，且制备过程非常方便、造价便宜。碱法制备纳米 ZnO 的过程如下：

第一，观察 NaOH 固体颗粒暴露在空气中的变化：NaOH 潮解吸水得到 OH⁻ 饱和液体，在此过程中 NaOH 固体颗粒溶解，溶液逐渐呈现出透明色，直至颜色透明，同时在溶液表面结晶一层薄膜（NaOH 与碳酸钠以及 NaOH 原料本身的杂质）。

$$NaOH \longrightarrow Na^+ + OH^- \tag{4-1}$$

第二，金属锌在碱性潮湿的环境中生成结构致密的氧化锌，结在金属表面防止金属内部的进一步腐蚀，这是锌合金行业最常用的镀锌方式，其反应过程由水参与，反应过程如下：

$$Zn + 2H_2O \longrightarrow Zn(OH)_2 + H_2 \tag{4-2}$$

同时苛性钠提供 OH⁻ 构成配位体四羟基和锌酸钠，反应过程如下，

$$Zn(OH)_2 + 2OH^- \longrightarrow Zn(OH)_4^{2-} \tag{4-3}$$

$$Zn(OH)_2 \longrightarrow ZnO + H_2O \tag{4-4}$$

$$Zn(OH)_4^{2-} \longrightarrow Zn(OH)_2 + 2OH^- \tag{4-5}$$

碱法制备的 ZnO 所处的反应体系为 Na₂O-ZnO-H₂O 体系，在反应物浓度以及温度调控下，会生成不同浓度含量的 ZnO，同时因为苛性碱的存在，在反应结束会产生相应的附加产物——Na₂〔Zn(OH)₄〕、NaZn(OH)₃ 等。但是通过对比可以得出结晶产物中，ZnO 为棒状以及线状体，而络合物的结晶体为粒度较粗的针状，通过 SEM 可以较为明显地观察出两种结晶体的不同。

3. 碱法制备纳米 ZnO 的晶型结构

在实验所需用品中已经提及型号为 D8-advance 型的 XRD。进行的 XRD 测试根据布拉格衍射定律：

$$2d\sin\theta = \lambda \tag{4-6}$$

式中　d——晶面距离；

　　　λ——波长；

　　　θ——衍射角。

应用已知波长的 X 射线来测量 θ 角，计算出晶面距离 d，得到能量谱，对照能量卡对物质进行定性。纳米 ZnO 晶型可以通过衍射进行分析，实验参数：Cu 靶枪、Kα 为入射源；入射波长 $\lambda=0.15406$nm；管电压 40kV，管电流 40mV；扫描速率 $20°/min$（图 4-4）。

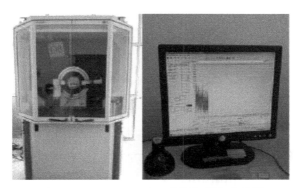

图 4-4　D8-advance 型 X 射线衍射仪实物图

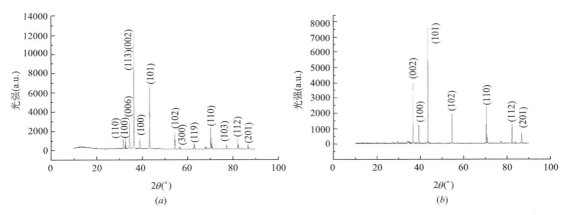

图 4-5　碱法制备 ZnO 的晶型物相

（a）碱法制备 ZnO；（b）锌片原样

通过图 4-5 八强峰匹配标准 PDF 卡片（JCPDS 65-3411）可知：纤锌矿型氧化锌晶体的特征峰与标准晶体基本相似，在 $31.2°$、$35°$、$36.3°$、$47.5°$、$56.2°$、$62.5°$、$68.4°$、$68.9°$分别出现了以（100）、（002）、（101）、（102）、（110）、（103）、（112）、（201）为晶面的晶体，图中衍射峰高而尖锐且没有杂质峰，表明该纤锌矿氧化锌晶体结晶度较好，说明此制备工艺制备出的纳米 ZnO 的纯度较高。通过对比锌金属片的物相分析，可以得出除了金属锌的衍射峰之外，出现了两种特征峰，由此可以得出此制备工艺制备出的 ZnO 较为纯净。

4. 粒度分析

通过 ZnO 粒径分布图 4-6 可以看出，经过 NaOH 与锌片预先处理后，观察得到了微粒粒径的分布区间保持在 100nm 左右的水平，最小粒径保持为 22nm，这与实验预期所需要的纳米 ZnO 级别较为相符，可以进行深入使用。这要归功于氢氧化钠在反应中的重要作用，即作为羟基的供体同时作为电解质使得水分离出 OH⁻ 和 H⁺，Zn^{2+} 结合 OH⁻ 产生了 $Zn(OH)_2$。与此同时伴随水分子数量的减少，使得原本 OH⁻ 饱和溶液一方面因与 $Zn(OH)_2$ 产生不稳定的离子络合物四羟基合锌酸钠（$Na_2[Zn(OH)_4]$），处于氢氧化锌沉淀与四羟基合锌酸钠共存的平衡体系中。因为 $Zn(OH)_2$ 在温度 125℃时发生分解产生 H_2O 和目标产物氧化锌。

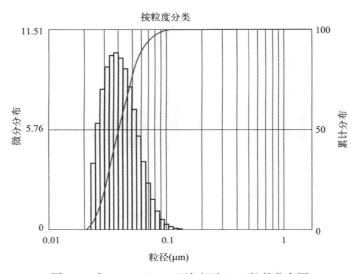

图 4-6　在 0.01mol OH⁻ 浓度下 ZnO 粒径分布图

5. 微观形貌分析

从图 4-7 中，可以看出在视野范围内的针状纳米 ZnO 在尺寸上是较为均匀的，基本上粒径的直径大约在 100nm，而且形状看起来是明显的针状或线状。在图 4-7(b) 中可以看出氧化锌晶体结构是严格按照正六方柱状体生长的。图 4-7(c)、图 4-7(d) 继续放大了一定倍数后的视野，这一簇纳米束基于点呈放射状生长，在纳米线生长的末端还有新长出的纳米晶。最后图 4-7(d) 展示的纳米线尺度，可以看出纳米线的直径基本保持在 100nm 以下，甚至最细的可以达到 50nm 左右，前一节已经进行了相关的论述，纳米晶的粒度分布最小在 22nm。

在 Na_2O-ZnO-H_2O 体系中，生成的相关产物包含锌酸钠晶体与氧化锌，其中锌酸钠的形状主要是针状，且随着反应时间的延长，针状越来越粗越来越钝化，最终呈现块状以及锥状；相较于锌酸钠晶体形状，氧化锌纳米晶则不同于锌酸钠，ZnO 晶体生长的形式为纳米线或棱柱形，呈细长线形，粒径较为均匀，第一幅图片全景中，锥形或纺锤形为锌酸钠晶体。

6. 热重分析

采用上海精密科学仪器有限公司 SDTQ600 进行分析，升温速度为 20℃/min，在 N_2 中进行热重分析，升温至 800℃。

图 4-8 是在浓度为 0.01mol/L OH⁻ 作用下用碱法制备氧化锌的热重曲线图，由图可

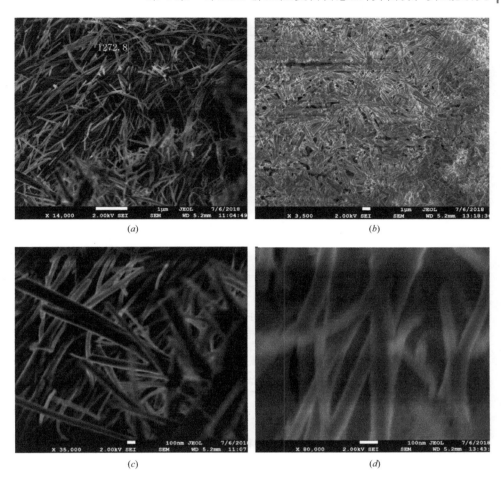

图 4-7　0.01mol/L 的 OH⁻ 制备的 ZnO 纳米晶

（a）纳米 ZnO 整体形貌；（b）纳米 ZnO 整体形貌 2；（c）纳米 ZnO 局部 1；（d）纳米 ZnO 纳米线

知，在 100℃ 左右出现一强吸热峰，发生自由水的散失，对应的 TG 曲线上有一明显的失重平台，该过程说明在 100～148℃ 之间氢氧化锌发生了脱水分解反应，生成氧化锌，与氢氧化锌分解为氧化锌的温度 125℃ 相吻合，且该过程是一次完成的，失重率 $W = 20.1\%$，接近其理论值 18%，随后的过程中保持平稳状态，质量几乎无散失，这说明碱法制备出的氧化锌比较纯净。

在 800℃ 存在一个放热峰，这与制备工艺中 Na_2CO_3 由 NaOH 与 CO_2 反应生成，与理论值 851℃ 为碳酸钠的分解温度相符。

由热重分析得出，制备的 ZnO 较为纯净，失重率小于 1%。水热法制备的 ZnO 失重也小于 1%，主要发生的是 ZnO 前驱体的失水过程。碱法制备的 ZnO 失重较严重，主要发生失水以及钠碳氧化物的影响。

4.2.3　水热法制备纳米 ZnO

1. 水热法制备纳米 ZnO 实验过程

水热法制备纳米 ZnO 流程如图 4-9 所示，实验过程大致有以下步骤：

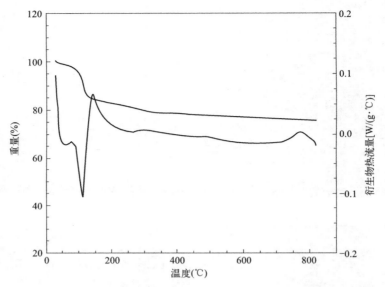

图 4-8　浓度为 0.01mol/L OH‾ 碱法制备的 ZnO 热重曲线

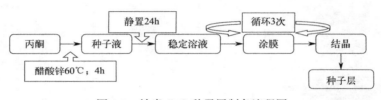

图 4-9　纳米 ZnO 种子层制备流程图

步骤 1：锌片洗涤与打磨。

（1）15mm×15mm 锌片用绝缘胶带粘住；

（2）用砂纸对裸露的锌片进行打磨；

（3）分别依次用丙酮、洗洁剂、乙醇、去离子水超声清洗 15min，吹干备用。

步骤 2：热解法制备 ZnO 种子层。

（1）配置乙酸锌溶液，称取 0.1142g（5.0×10^{-4} mol）二水合醋酸锌，加入到 100mL 无水乙醇中，超声分散至溶解完全，得到浓度为 5.0mmol/L 的种子溶液；

（2）从洗净的锌片一角注入种子溶液，旋涂成膜（低速 500r/min，高速 1500r/min，时间 60s）；

（3）设定真空养护箱温度为 150℃（醋酸锌分解温度大致为 135℃），加热 15min 至涂膜干燥，取出冷却；

（4）重复步骤（1）～（3）两次，得到均匀附着乙酸锌的锌片。

步骤 3：水热法制取 ZnO 纳米阵列（图 4-10）。

（1）称量 1.2mg 硝酸锌溶解于 300mL 去离子水中，放入超声清洗机充分溶解，离子浓度为 4.03×10^{-5} mol（实验过程采取硝酸锌物质的量作为变量进行相关实验）；

（2）量取 1mL 氨水溶解于 100mL 去离子水中，离子浓度为 7.13×10^{-5} mol，将制备好的氨水溶液与第一步的硝酸锌溶液充分溶解（实验过程采取氨水物质的量作为变量进行

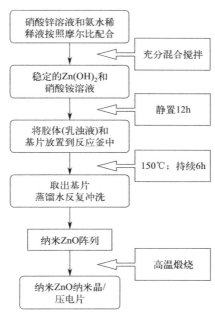

图 4-10　纳米 ZnO 阵列的制备流程图

了相关实验）（图 4-11）；

图 4-11　不同摩尔浓度硝酸锌与氨水的产物图

（*a*）硝酸锌摩尔浓度为 10^{-5} mol/L；（*b*）硝酸锌摩尔浓度为 2×10^{-5} mol/L；（*c*）硝酸锌摩尔浓度为 10^{-4} mol/L

（3）将制备好的覆盖 ZnO 种子层薄膜的锌片倾斜靠在容积为 50mL 的反应釜中，ZnO 薄膜面朝下放置，倒入 35ml 生长液（图 4-12）；

（4）150℃加热，反应时间为 4h，取出自然冷却室温，洗涤吹干；

（5）高温炉 400℃（800℃）淬火 45min，得到 ZnO 纳米棒阵列。

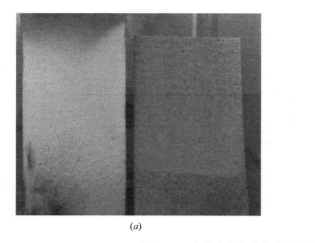

(a)　　　　　　　　　　　　　　　　　(b)

图 4-12　水热法制备的氧化锌压电片实物图

（a）硝酸锌摩尔浓度为 10^{-5} mol/L；（b）硝酸锌摩尔浓度为 2×10^{-5} mol/L

2. 水热法制备纳米 ZnO 的晶型结构

通过图 4-13 八强峰匹配标准 PDF 卡片（JCPDS 65-3411）可知：纤锌矿型氧化锌晶体的特征峰与标准晶体基本相似，在 31.2°、35°、36.3°、47.5°、56.2°、62.5°、68.4°、68.9°分别出现了以（100）、（002）、（101）、（102）、（110）、（103）、（112）、（201）为晶面的晶体，图 4-13 中衍射峰高而尖锐且没有杂质峰，表明该纤锌矿氧化锌晶体结晶度较好，说明此制备工艺制备出的纳米 ZnO 的纯度较高。

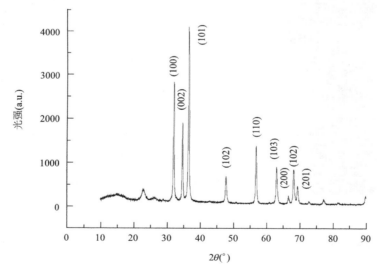

图 4-13　水热法制备 ZnO 的 XRD 物相分析

3. 粒度分析

由水热法制备出的氧化锌粒度分布图如图 4-14 所示：由频率曲线可知，该 ZnO 粒度分布范围在 10nm～1μm 之间，其最大含量的粒度集中在 0.1μm 处，由累计频率曲线可知，其粒度在 1μm 以下的粒子占 100%，这说明了通过水热法制得的纳米 ZnO 粒度大于析出结晶法，其主要原因在于氨水（$NH_3 \cdot H_2O$）与硝酸锌 $[Zn(NO_3)_2 \cdot 6H_2O]$ 在反应釜中迅速发生反应，且氨水中存在氨基这种自由能较大的官能基团，与水中的 H^+ 结合，从而形成大量的 $Zn(OH)_2$，使氢氧化锌在溶液中快速发生团聚，后经氢氧化锌水热分解出大量的 ZnO，从而使其粒度较大。

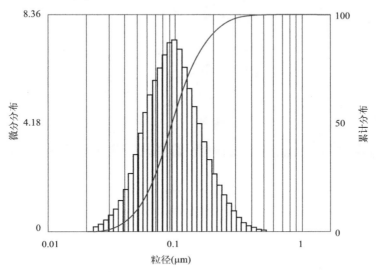

图 4-14　10^{-5} mol/L OH^- 水热法制备 ZnO 的粒度分布图

4. 微观形貌分析

图 4-15 为水热法制备的纳米氧化锌微观结构形貌图，从图中可以看出，该方法下制备出的纳米 ZnO 结构分布较均匀，晶体间排列有序，其大致沿垂直于锌片基片的方向进行生长，且能观察到比较完整的氧化锌晶体。从形貌图中可以清晰地看出，该晶体有明显的尖端，长径比较大，最大晶体长度达 $800\mu m$，平均在 $500\mu m$ 左右，晶型横截面为正六边形的纳米晶，晶体尺度在 $50\sim100nm$ 之间且粒径均在 $70\mu m$ 左右，这是因为 $Zn(OH)_2$ 水溶液的溶解度较低，Zn^{2+} 在低碱度情况下容易与 OH^- 结合，易发生团聚，因此晶体结构规整粗大。

通过粒度分析可以看出，王旭通过高速剪切乳化搅拌制备的 ZnO 粒径主要集中在 $700\sim800nm$，颗粒较大。水热法制备得到的 ZnO 粒径分布主要集中在 $100nm$，碱法制备的 ZnO 粒径分布主要集中在 $50nm$。

5. 热重分析

乙酸锌的热重分析如图 4-16 所示。由 DTA 曲线可见，在 $100℃$ 左右有一强吸热峰，对应的 TG 曲线上有明显的失重台阶，该过程为 $Zn(CH_3COO)_2 \cdot 2H_2O$ 脱去自由结晶水，失重约为 13.1%，接近其理论值 16.4%。脱水后形成无水醋酸，在 $250℃$ 左右出现了第二个明显的吸热峰，该过程表明无水醋酸锌 $Zn(CH_3COO)_2$ 在发生分解，生成 ZnO，此时 TG 曲线有明显的质量变化。实际实验过程中，乙酸锌在 $300℃$ 之后才发生分解反应，这是由于乙酸锌浸泡金属锌之后在加热的状态下部分醋酸根与水生成可挥发的醋酸，乙醇在一定条件下与乙酸发生反应。可见这种处理方法，进行 $Zn(CH_3COO)_2 \cdot 2H_2O$ 分解温度低，在 $300℃$ 左右即可完全分解为 ZnO。

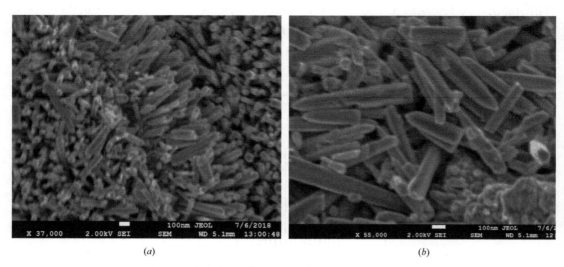

(a)   (b)

图 4-15 浓度为 10^{-5} mol/L 硝酸锌制备的 ZnO 形貌图

(a) ×37k；(b) ×55k

通过图 4-17 可以得出，热重散失基本维持在 1.5％左右，这主要取决于反应物的参与，在低浓度反应物的反应中，除了氧化锌之外，副产物为硝酸铵，在水热法制备氧化锌反应过程中硝酸铵在 110℃发生分解得到氨气、硝酸而挥发，氢氧化锌分解产生氧化锌和水，产物中无附加产物，因此得到了纯净的氧化锌。

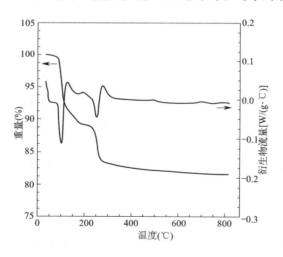

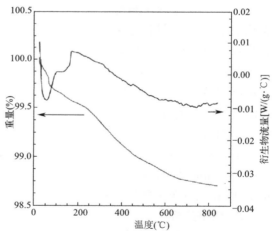

图 4-16 浓度为 $5.0×10^{-4}$ mol/L
乙酸锌种子层的热重曲线

图 4-17 浓度为 10^{-5} mol/L 硝酸锌
制备的 ZnO 热重曲线

4.2.4 胶粘压片制备纳米 ZnO 压片

1. 实验原料和制备工艺

表 4-3、表 4-4 为压片成型法主要实验材料和技术参数。

样品纳米 ZnO 主要技术参数　　　　　　　　表 4-3

样品名	化学式	粒径	纯度	生产厂商	No.
纳米 ZnO	ZnO	20nm	99wt%	先锋纳米	XFI06

纳米 ZnO 制备主要实验材料表　　　　　　　表 4-4

名称	化学式	纯度	厂家	主要用途
纳米 ZnO	ZnO	≥99%	天津富辰化学试剂公司	主材料;前驱体
纳米 ZnO	ZnO	—	实验室自制	主材料;前驱体
硅酸盐水泥	P·O	—	—	胶粘剂
无水乙醇	C_2H_5OH	≥99%	国药集团化学试剂有限公司	溶剂
去离子水	H_2O	—	实验室自制	溶剂;反应物

2. 粉末压片成型法

为比较压电片与压电薄膜的压电性能,将氧化锌粉体进行压片成型,并且进行了以下的实验步骤:

(1) 将 ZnO 粉体放置在马弗炉中进行,设置温度为 550℃ (600℃、500℃),升温间隔 15℃/min,保持 40min,进行陶瓷化;

(2) 称量一定的氧化锌粉体,无水乙醇浸泡,放置 100℃养护箱 12h;

(3) 按照质量比为 100:5 称取定量的 ZnO 和硅酸盐水泥(C40),用玻璃棒搅拌均匀,并进行高频振荡,得到混合均匀的粉体;

(4) 称取 1g 粉体放置到红外压片模具中,实施 14MPa 的压力,1min 后取出,得到压片;

(5) 放置在干燥箱中,用湿润的棉花包裹压片,调节温度为 100℃,保持 2h;

(6) 取出压片,在表面涂一层导电银浆,得到制备好的压片;

(7) 将制备好的压电片放置在高温炉中进行 850℃高温烧制,升温速率 20℃/min,升温时间为 45min,保持温度 2h,制备流程如图 4-18 所示,试件实物如图 4-19 所示。

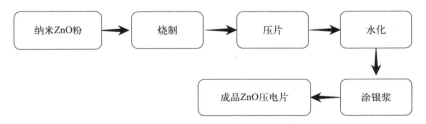

图 4-18　ZnO 压电陶瓷片的制备流程图

4.2.5　纳米 ZnO 物像分析本征缺陷

ZnO 的可见光具有较宽的发光谱带,包括蓝光、绿光、黄光、红光等波段。作者针对不同制备工艺的氧化锌外观进行相应的观察与分析,发现不同温度下的氧化锌表现出不同颜色,待一段时间后又恢复原本的白色。在本次实验中主要对比了三种氧化锌的制备方案,以购买的氧化锌原样作为对比。

(a)   (b)

图 4-19　ZnO 压片成型法实物图
（a）氧化锌色相变化；（b）压片成型法的实物

在室温下，纳米 ZnO 表现为纯白色，在经过一定温度的烧制以后，颜色开始变黄色，经历过高温烧制之后，可以看出氧化锌的颜色变成青绿色，这与 ZnO 本征点缺陷的电子结构有关，在制备过程中出现了 Zn 与 O 不对称的空间排列，造成了色心的吸收。

而通过碱法制备的氧化锌出现了结块的现象，从马弗炉取出后成整体的块状，通过图 4-19 可以看出，在底层出现了一个界面层，界面层以上是绿色的氧化锌层，界面层以下是透明的晶体结构，通过实验制备过程可知是物质碳酸钠，而在界面层可以看到明亮且透光的呈淡蓝色的晶状体。在经过一段时间后，颜色开始失去，直至恢复白色。

通过观察氨法制备的氧化锌可以得出这样的结论，在高温下仍可以观察到氧化锌因缺陷而表现出的绿色，发生结块的现象，形成比较致密的氧化锌块体。同时，随着温度的褪去，发现氧化锌的颜色变出淡黄色，与纳米 ZnO 的白色形成对比，据此可以看出氨法制备的氧化锌粒径因为烧结而变成粒径较大的微米级氧化锌。

ZnO 在常温常压下，最稳定的结构为纤锌矿结构，空间群为 $P6_3mc$，晶格常数为 $a = 0.324nm$，$c/a = 1.602$。Zn 和 O 两子晶格沿竖轴及 c 轴的相对位移 $u = 0.382c$。但在实际应用中，任何晶体都存在一定的缺陷，其中空位缺陷以及间隙缺陷为最常见的两种点缺陷，氧化锌缺陷在表现形式上表现为氧原子的空缺，在高温时显示出绿色。

4.3　CNT 压阻层制备及性能研究

4.3.1　CNT 压阻层制备过程

羧基化的 CNT-COOH 带有负电性同时氨基化的 $CNT-NH_2$ 带有正电性，两者携带官能团可以发生脱水缩合反应，属于有机化学反应（表 4-5）。

	CNT 压阻层制备过程	表 4-5

步骤	具体方法	
步骤 1	按照质量比 1∶1 分别称取 50mg 的羧基化 CNT、氨基化 CNT(分析天平称取)倒入烧杯中,倒入 500mL 蒸馏水,超声分散 2h,静置 24h	
步骤 2	称取定量(0mg、10mg、50mg、100mg、200mg)的聚乙烯醇(Polyvinyl alcohol)置入 250mg 水中,超声分散 2h	
步骤 3	将制备好的官能化 CNT 混合液注入聚乙烯醇溶液中,搅拌,放置在均质机下振捣 2min	称取 1000mg 定性滤纸,倒入 150mL 去离子水,将其放置在探头式超声破碎机中进行粉碎处理,设定温度 45℃,输出频率为 21Hz,开循环时间 1min,闭循环时间为 15s,超声时间 2h。取出分散好的纸浆,静置 24h,保留上层分散浆液
步骤 4	用滴管吸取制备好的混合液均匀涂敷在锌基片背面,放置到干燥箱中,温度 120℃	将纸浆与 CNT 分散液混合,再进行超声分散处理,得到混合液
步骤 5	重复步骤 4,得到目标厚度,压阻层制备完毕	放置在干燥箱进行蒸发干燥,设定温度为 110℃,反应时间 24h 得到导电薄膜

4.3.2　CNT 压阻层性能研究

良好的压力型传感器在荷载作用下电阻值应具有良好的线性变化、准确的荷载响应区间。为确保压阻型传感器具有应用价值,本节将对胶粘剂(PVA 为例)掺量进行研究,即在不同配合比下的胶粘剂对压阻层的压阻性能的研究。将制备好的压阻层接通电极,间隔 10mm 接出导线,接入电路当中,利用串联电路,通过测量分压计算传感器的压阻信号。

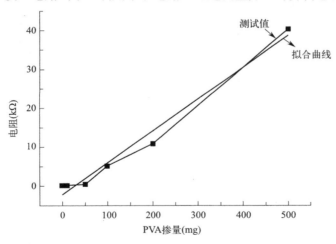

图 4-20　PVA 掺量对功能化 CNT 压阻层电阻影响图

从图 4-20 中容易看出 PVA 掺量对功能化 CNT 压阻层的电阻影响较为明显,当掺量小于 50mg 时,电阻值明显小于高 PVA 掺量对应的值,CNT 的含量随着胶粘剂 PVA 含量的增加而减少,电阻值的大小与掺量的关系呈现线性关系,如式(4-7)、式(4-8)所示:

$$Y = f(x) = 0.08238x - 2.37836 \tag{4-7}$$

$$R^2 = 0.9756 \tag{4-8}$$

同时可以根据式(4-9)求出电阻率的值,分别为 $4.04 \times 10^2 \Omega \cdot cm$、$1.08 \times 10^2 \Omega \cdot cm$、

$5.1 \times 10\Omega \cdot cm$、$2.71\Omega \cdot cm$、$7.5 \times 10^{-2}\Omega \cdot cm$、$5^{-3}\Omega \cdot cm$。

$$\rho = \frac{Rl}{S} \tag{4-9}$$

式中　ρ——电阻率；

　　　R——电阻；

　　　l——材料长度；

　　　S——材料的横截面积。

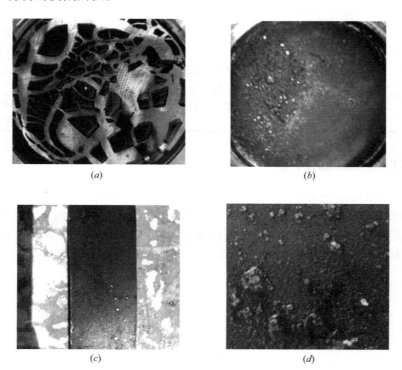

图 4-21　不同 PVA 掺量下制备的 CNT 压阻层外观形貌

(a) 0mg；(b) 20mg；(c) 100mg；(d) 500mg

图 4-21 为不同 PVA 掺量进行掺杂并烘干之后的形貌，通过观察，当 PVA 掺量为 0 的情况下，功能化 CNT 发生龟裂、结块；在掺量为 50mg 时，龟裂明显得到改善；在掺量为 100mg 时，表面平滑、光亮；而掺量为 500mg 时，因为 PVA 掺量过高导致在烘干时易产生气泡，从而影响 CNT 压阻性能的输出。因此在选择压阻型传感器时应当结合电阻值、形貌两种因素。

4.4　锌基压电/压阻复合传感器制备与性能研究

4.4.1　实验材料以及制备过程

1. 实验材料、实验设备

本节主要介绍了将压阻层、压电层两者相结合的过程，主要实验材料见表 4-6。

压阻层制备实验材料 表 4-6

名称	纯度	产地	主要用途
CNT 压阻层	—	实验室自制	压阻层
ZnO 压电层	—	实验室自制	压电层
导电银浆	—	上海市合成树脂研究所有限公司	导电层
锌片	≥99%	天津富辰化学试剂公司	基片

此外，需要铜线作为导线、连接线，实验所需的仪器见表 4-7。

压阻层制备实验设备 表 4-7

名称	型号	产地	主要用途
真空干燥箱	DZF	上海一恒科学仪器有限公司	干燥试件
万能拉伸实验机	CMT5205	MTS 工业系统(中国)有限公司	压阻效应实验
万用电表	VC9808+	VICTOR	监测电阻
准静态 d_{33}/d_{31} 测量仪	ZJ-6A	中国科学院声学研究所	压电性能测试
LCR 数字电桥	TH2817B	苏州通惠	监测阻抗、电容

2. 基片（锌片）生长法制备压电层（图 4-22）

图 4-22 锌基制备 ZnO 压电薄膜的制备流程图

继水热法添加乙酸锌和氨水反应制备得到的氧化锌附着金属锌基片之后，为使得氧化锌高度晶化，进行以下实验。

步骤 1：将制备好的试片放置在马弗炉中进行高温煅烧，设定温度 860℃，升温速率保持 20℃/min 且升温时间为 43min。可以查阅到相关金属锌的物理化学性质，在实验过程中金属锌在熔点 419.53℃时发生物态变化，由固态向液态变化，但在这一过程中，锌与氧气发生剧烈的反应使得原来表面明亮的金属色泽发生暗化，形成一层致密的薄膜，致使熔化的锌水没有流动性，因此在温度升到 860℃以后仍然保持原来金属薄片形状；

步骤 2：将烧制好的锌片进行打磨，将背面打磨掉自然氧化的锌表层至光滑露出锌金属色泽；

步骤 3：在氧化锌生长层涂覆微量导电胶，制备出氧化锌压电片。

3. 压电信号 d_{33}、d_{31} 测试

图 4-23(a) 为 ZJ-6A 型准静态 d_{33}/d_{31} 测量仪，测量 ZnO 压电陶瓷片的 d_{33}/d_{31}，图 4-23(b) 为 TH2817BLCR 数字电桥，用于监测传感器电容、电阻等。

准静态压电测试仪主要监测两种信号 d_{33}、d_{31}，其中 d_{33} 表征的是厚度电场方向引起的厚度方向的形变量，而 d_{31} 表征的是直径方向的形变程度。在实际的工程运用中，通常通过正交制备工艺将两者进行综合计算，检测压电材料的压电性能，且两种信号之间存在的关系为互补关系，其中一个信号强而另一个较弱。

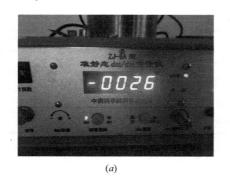
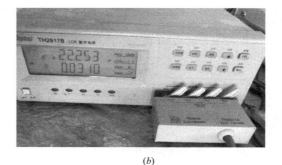

(a) (b)

图 4-23 d_{33}/d_{31} 测量仪

(a) ZJ-6A 型准静态 d_{33}/d_{31} 测量仪实物图；(b) TH2817BLCR 数字电桥

4. 传感器元件组装过程

课题组在过去的实验中用到了聚二甲基硅氧烷（PDMS），可用于防水做保护层，成功地将压阻层、压电层相互结合，给试件成功地进行了保护。在本次实验过程中，运用直接生长法，在锌片上生长压电层，将压阻层涂敷在另一侧，再进行表面涂导电胶（图 4-24）。步骤如下：

步骤 1：采取 15mm×15mm 的锌片，用砂纸进行打磨直至光滑有亮光；

步骤 2：在锌片的一侧生长纳米 ZnO 阵列，在另一侧涂覆 CNT 电阻层；

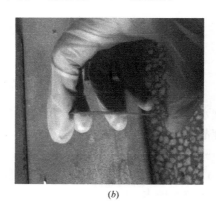

(a) (b)

图 4-24   压电/压阻传感器实物图

(a) 正视图；(b) 侧视图

步骤 3：表面涂层导电胶，放置在养护箱中调至 150℃ 烘干制片；

步骤 4：接线并在表面涂覆保护层环氧树脂或 PDMS；

步骤 5：将制备好的压阻/压电复合薄片贴附在待测水泥试块的表面，接入电路，并进行压力和三点弯曲实验测试。

5. 传感器应变性能检测实验方案

（1）压力实验

图 4-25 展示的是两种监测复合传感器性能的装置示意图，从图 4-25 可以看出在压裂实验下，箭头位置表示为传感器贴合位置，在垂直匀速荷载下直至试块被压碎，通过监测电阻的变化，统计电阻变化、电压变化与荷载的相关关系。实验条件为默认加载速率 2.4kN/s，受压试块为再生砂浆。

（2）三点弯曲实验

压阻效应的测试研究多采用轴向拉伸受力法（图 4-26）。然而为了应对在实际工程中的实验条件，传感器需要具有以下几种性质：

（1）具有良好的线弹性，即在循环荷载下可以保持良好的自恢复性；

（2）具有耐疲劳性，即在长时间的跨度内保持较好稳定性，损伤程度较低；

（3）具有稳定性，在荷载作用下稳定的力学响应，便于数据的处理；

（4）与被测目标具有良好的亲和性。

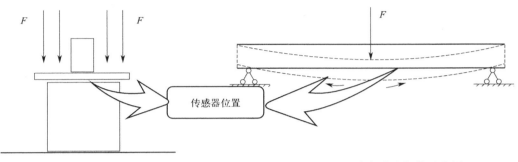

图 4-25　压力实验示意图　　　　　　　　　　图 4-26　三点弯曲法加载示意图

将传感器贴敷于试块的跨中、受力点，试块两侧各粘贴一个，调节直流电源电压 5V，串联接入定值电阻 10kΩ 和传感器，并用万用表测量出两者的电压。加载方式按照图 4-27 方式进行循环加载，控制加载位移 5mm，位移加载速率为 2mm/min，循环 5 次（图 4-28）。

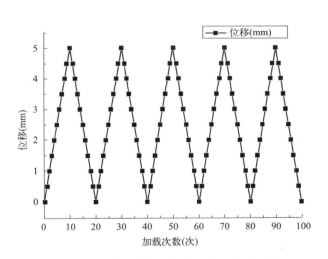

图 4-27　三点弯曲循环位移加载三角波形图

图 4-28　万能实验机加卸载装置
实物图

4.4.2　压电模块性能测试及分析

1. 水热法制备的粉体的压片成型法 d_{33} 测试

图 4-29 分别是以反应时间和酸碱度为变量，其中横轴为反应时间 30min、35min、

40min；pH 值分别为 9、10、11。通过图 4-29 可以看出在时间为影响量的情况下，反应时间越长，压电信号变现更加明显。通过对比，在时间作为实验变量的情况下，可以发现实验时间越长，压电信号监测出的数值也越大，因此可以总结为，随着反应时间的增加，压电系数相应随之增加；在以酸碱性作为变量依据时，碱性越强对压电信号产生更为积极的影响，因此可以总结为，压电信号以及压电系数的强弱跟随 pH 值的增大，进而得到的 ZnO 压电效果越好。

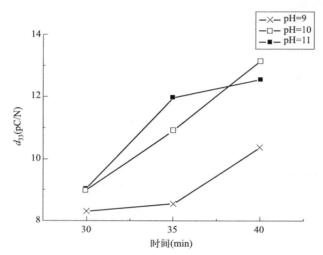

图 4-29　单因素碱度、反应时间对氧化锌压电信号的影响图

2. 基片生长法 d_{33} 测试

图 4-30 表示为水热法制备的压电片压电信号结果，主要研究了变量铵根离子的浓度（即 OH⁻ 的浓度）和煅烧时间对压电信号产生的影响。其中，T_1、T_2、T_3、T_4、T_5 分别代表浓度为 0.001mol/L、0.003mol/L、0.015mol/L、0.03mol/L、0.1mol/L。

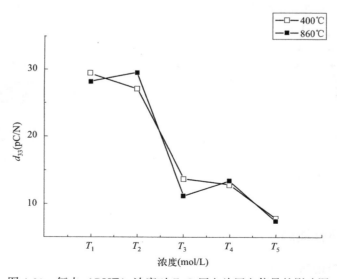

图 4-30　氨水（OH⁻）浓度对 ZnO 压电片压电信号的影响图

不难看出，铵根离子的浓度对氧化锌压电层具有较为显著的影响，通过图 4-30 可以总结出，当氨水溶液浓度较低为 0.001mol/L、0.003mol/L 时，压电信号较为明显，均值在 29.5pC/N 左右，通过反应方程式可以看出，参与化学反应的醋酸锌（Zinc acetate）与氨水（Ammoniawater）摩尔比为 1∶1。

$$Zn(CH_3COO)_2 + 2NH_3 \cdot H_2O \Longrightarrow Zn(OH)_2 + NH_4(CH_3COO)_2 \qquad (4\text{-}10)$$

在 T_3 处氨水的浓度为 0.015mol/L 时，压电信号出现骤降，只有 13pC/N，出现这一结果的原因在于醋酸锌与氨水生成的氢氧化锌发生了聚沉。当处于 T_4、T_5 浓度时，在碱性加热条件下发生了以下化学变化，锌片遭到侵蚀，影响纳米 ZnO 层的制备。

$$Zn + 2H_2O \Longrightarrow Zn(OH)_2 + H_2 \qquad (4\text{-}11)$$

在以往课题组的实验中，王旭在实验中制备方案主要采取压片成型法，测量得到最大压电信号为 13.13pC/N；而籽晶层生长 ZnO 得到的压电片最大压电信号为 29.5pc/N，可见直接在基片生长 ZnO 压电层优于压片成型的方式。

4.4.3　压电模块电压信号强度测试及分析

1. 电压信号强度监测方案

在外力条件下，影响压电体输出压电信号强度的因素主要包括压力强度、振动频率、压电体的响应时间等。在以下实验中主要测试在确定压力强度下，压电片表现出的不同电学性能。在本节当中对以下试件试样进行了电势差的测试，对照实验样品：锌片（$U1$）、压电块标准件（$U2$）、锆钛酸铅压电片（$U3$）；实验组：水热法制备压电片（$U4$）、压片成型法制取的压电片（$U5$）、碱法制备的压电片（$U6$）。ZnO 阵列压电试件示意见图 4-31。

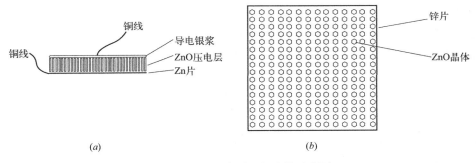

图 4-31　ZnO 阵列压电试件示意图

（a）断面图；（b）俯视图

2. 电压信号强度

监测电压信号的样品测试大小为 10mm×10mm，分别施加重量为 2.5kg（$G=24.5N$）和 10kg（$G=9.8N$），输出结果单位为 V，操作戴胶皮手套，测试结果如图 4-32 所示。

U_1、U_2、U_3、U_4、U_5、U_6 表示的试件分别为锌片、柔性压电试件、PZT、热液法 ZnO 压电片、碱法 ZnO 压电片、压成法 ZnO 压电片。通过图 4-32 可以看出，标准试件在压力作用下表现出较为明显的电压信号，水热法制备 ZnO 压电片的电压信号在重物 2.5kg 时为 0.024V，10kg 时为 0.077V，与碱法制备的相差较多，2.5kg 为 0.442V，

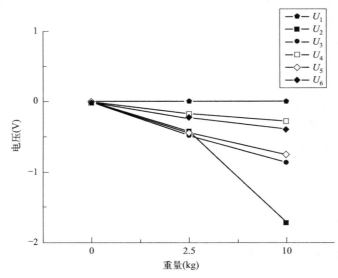

图 4-32　荷载作用下 ZnO 电压值变化图

10kg 为 0.753V，这与 ZnO 发生压电机理相关，在绪论中提到，压电信号的大小与 ZnO 的长径比相关，由 ZnO 发生弯曲而产生的电荷偏置，而碱法制备的 ZnO 具有较大的长径比。

4.4.4　传感器的性能测试及分析

CNT/ZnO 复合传感器是一种兼具压电/压阻的复合型传感器，通过监测应力与电压、电阻之间的关系，反映出被测物品的动态、静态受力状态，判断该结构是否具有继续工作或继续服役的能力，因此这也就要求传感器具有完美的力学响应能力，在灵敏度、线性度等技术指标上达到要求，本节具体计算出传感器的基本技术性能指标，并进行了两方面分析，在受力状态下对发生变化的电阻率进行数据采集，在数据处理的基础上，对传感器的灵敏度以及线性度进行了计算和拟合。

在进行信号采集的过程中，因电阻信号为准静态信号，采用万用表进行信号采集。而电压信号为准动态信号，借助 LCR 通惠电桥。设置基本参数为，主参数为电容（C），频率为 1kHz，串联，量程范围选择自动。

1. 压力实验对传感器压阻性能影响

通过图 4-33 可以看出，在受垂直压力状态下传感器的压阻性表现出了较为稳定的力学响应能力，数据展示了压阻传感器的变化幅值（$\Delta R = R_0 - R$）、变化率（$\Delta R/R_0$）、电阻变化与荷载之间的关系。从图 4-33(a) 中可以看出，电阻随荷载增大而减小，当电阻值在压强 0MPa 时为最大值 11.9kΩ，在压强在 10.7MPa 时为最小值 0.6kΩ，幅值变化为 11.3kΩ，变化率为 94.96%，本次实验采用的再生砂浆混凝土极限承载能力为 11.9MPa；从图 4-33(b) 中可以看出，电阻值在 0MPa 时为最大值 3.09kΩ，在压强在 7.1MPa 时电阻值为 5Ω，幅值变化为 99.838%，再生砂浆混凝土的极限承载能力为 7.1MPa。可以看出，PVA 掺量基本符合 4.3 节测量的电阻值，在垂直荷载作用下，PVA 掺量明显影响了压阻片的阻值范围，在稳定性方面，高掺量的曲线较为稳定。在实验过程中，PVA 掺量过低会造成 CNT 的散落，掺量过高容易导致受压时产生脆性断裂，为防止这一影响因素的出现，采取适量掺量的压阻传感器。当 PVA 掺量为 100mg 时，压强增加过程中发生了非线性变化，这与材料的性质有关，在实际运用中需要引起足够的重视。

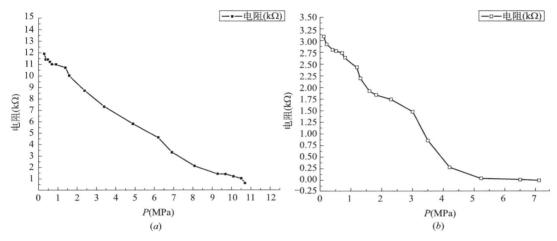

图 4-33　传感器电阻变化率与加载变化曲线图

(a) 掺杂 200mgPVA；(b) 掺杂 100mgPVA

2. 压力实验对传感器压电性能影响

由图 4-34 看出，在压力荷载下传感器的电容、电压变化，U 是传感器在压力实验下的电压（V）；C 是电容量（pF）。感应电动势的数值通过图 4-34(a) 可以看出随着压力荷载的增加电压不断增加，在压强为 19.9MPa 时达到极大值 209.2mV，通过图 4-34(b) 可以看出随着压力荷载的增加电容逐渐变大，压强在 19.9MPa 时达到极大值 74771pF。同时通过观测拟合曲线，监测的点具有一定波动性，但基本维持在拟合直线周围，电压曲线为 $y = y_0 + A_1(1 - e^{(-x/t_1)}) + A_2(1 - e^{(-x/t_2)})$，在压强小于 5MPa 时电压呈线性增长到 4.7MPa 时达到 202.1mV，之后趋于稳定，不难看出在压力荷载下，ZnO 阵列电压输出伴随荷载增大而增大，但在超过极限荷载之后，不再发生变化；拟合电容曲线的斜率为 4017.47，拟合系数 R^2 分别为 0.96，接近于 1，这说明传感器适用于力学监测。

3. 三点弯曲对传感器压阻性能影响

图 4-35、图 4-36 为传感器电阻变化率（$\Delta R/R_0$）与加载位移的关系曲线，从图可以看出，在拉伸状态下，PVA 掺量明显影响了电阻变化率，当掺量 100mg 时，电阻变化率在 60% 左右；当掺量为 200mg 时，电阻变化率在 54% 左右；当 PVA 掺量为 500mg，电阻变化率在 25% 左右。线性较为平整，通过单方面电阻率变化率来看，在掺量为 100mg 表现优异。在压缩状态下，掺量为 100mg、200mg 的电阻变化率基本相等，在 48% 左右；掺量为 500mg 时电阻变化率维持在 27%。压阻片的 $\Delta R/R_0$ 随着应力拉伸导致截面变小，限制了电子的流动，因此 ΔR 相应的增加；在压缩状态下，传感器的横截面增大，相应的 ΔR 减小。其次，在 5 次循环荷载下，传感器表现出了良好的弹性恢复性能。通过观察，官能化 CNT 与 PVA 掺量之间存在一定的比例关系，发挥最大的压阻性能和力学韧性，

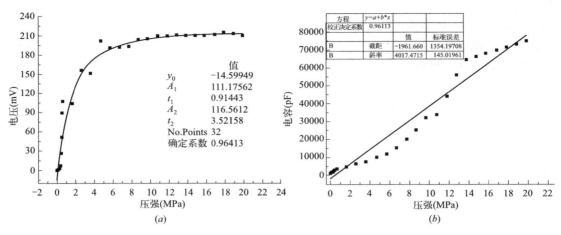

图 4-34　压电信号曲线与加载变化点分布及拟合曲线

(a) 电压；(b) 电容

否则会出现两种极端问题，PVA 的掺量过低导致不能成膜，在受力过程中容易脱落，甚至因为 CNT 占比大导致电阻率极低、$\Delta R/R_0$ 不易测量等问题；PVA 产量过高会导致传感器镀膜脆性大，在压力作用下发生断裂，同时因为 CNT 占比大导致电阻率过高，能耗极度增加等问题，在实验过程中得出较为适宜的配合比为 $m(\text{CNT}) : m(\text{PVA}) = 1 : 0.8 \sim 1 : 1.5$，在接下来的实验中可以适当地采取这一配合比。

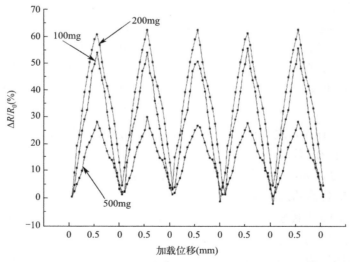

图 4-35　传感器的拉伸状态下电阻变化率（$\Delta R/R_0$）与加载位移关系曲线

课题组先期主要采用层层自组装法制备 CNT 压阻层，吴晓平论文中弯曲荷载产生的 $\Delta R/R_0$ 分别为 9 层对应 80%，12 层对应 50%；而王旭的 $\Delta R/R_0$ 为 3 层对应 40%，6 层对应 67%，9 层对应 55%，12 层对应 30%。对比两者的实验结论，作者采用掺杂 PVA 的办法得到 $\Delta R/R_0$ 为质量比 PVA：CNT＝5：1 时，$\Delta R/R_0$ 为 25%；掺量为 PVA：CNT＝2：1 时，$\Delta R/R_0$ 为 54%；掺量为 PVA：CNT＝1：1 时，$\Delta R/R_0$ 为 60%。

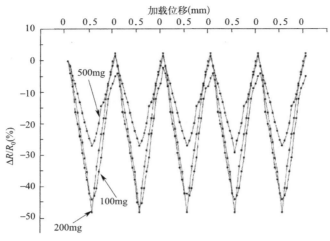

图 4-36　压缩状态下电阻变化率（$\Delta R/R_0$）与加载位移关系曲线

4. 三点弯曲对传感器压电性能影响

实验过程中，为保证纳米 ZnO 阵列受到的荷载均匀，且基体弹性良好，将传感器薄膜依附于钢片上。图 4-37 为传感器电压值变化与加载位移的关系曲线，图中 line 1 表示水热法制备的 ZnO 压电层，line 2 表示碱法制备的 ZnO 压电层，不难看出碱法制备的压电层荷载响应效率明显高于水热法，最大电压发生在最大位移下为 46.5mV，但在完成第一个循环之后发生衰减，第二个波峰为 38.8mV，衰减了大约 16.6%，随后的波峰顺次发生衰减，但衰减率逐渐减小，最后一次衰减率 7.2%。相较于碱法，水热法产生的最大电压为 15.9mV，第二个波峰为 12.1mV，衰减了大约 13.9%，随后同样发生了衰减。电压信号的衰减主要原因是传感器在每次接受压力荷载加压的状态下，纳米晶 ZnO 阵列与基体粘结不牢固，或者纳米晶之间的松动断裂，导致压电层受压之后不再保持原状态，从而导致电信号的衰减，通过观察曲线的衰减趋势，在多次衰减之后将会趋于平衡。

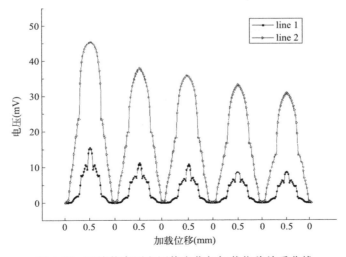

图 4-37　压缩状态下电压值变化与加载位移关系曲线

5. 传感器灵敏度性能

描述传感器对力的敏感程度，需要在变化范围进行灵敏度的反应，借助式(4-12)～式(4-14)，通过计算 $\Delta R/R_0$ 与应变之间的比来反映出传感器的灵敏度。

$$K = \frac{\Delta R/R_0}{\varepsilon} \times 100\% \tag{4-12}$$

$$\Delta R = R - R_0 \tag{4-13}$$

式中　R_0——传感器未受力产生的初始电阻；

　　　R——传感器在应力状态下电阻值；

　　　ε——单位荷载下传感器发生的应力变化。

$$\varepsilon = \frac{6fh}{L^2} \tag{4-14}$$

式中　f——挠度；

　　　L——传感器预制电极间距离；

　　　h——传感器厚度值。

图 4-38 表示在拉伸和压缩状态下传感器的灵敏度与循环荷载加载次数的关系曲线，从图 4-38 中可以看出，PVA 掺量对传感器的灵敏度影响较明显。在拉伸状态下，灵敏度随 PVA 掺量的增加而降低，当掺量为 500mg 时，灵敏度最低，在 0.5～0.6 之间波动；当掺量为 200mg 时，此值在 1～1.1 之间；当掺量为 100mg 时，灵敏度最高，可达 1.2；在压缩状态下，灵敏度也随 PVA 掺量的增加而降低，其灵敏度变化率较拉伸状态下变化较小，当掺量为 500mg 时，其灵敏度维持在 0.55 左右，当掺量为 200mg 时，介于 0.85～0.95，而掺量为 100mg 时，其灵敏度在 1 左右波动。对比两状态下灵敏度的变化图可以看出，在循环荷载作用下，无论是拉伸状态还是压缩状态，同一掺量下的关系曲线接近水平，PVA 在同一掺量下传感器的灵敏度会在很小的范围内上下波动，离散程度较小，保持一定的稳定状态。

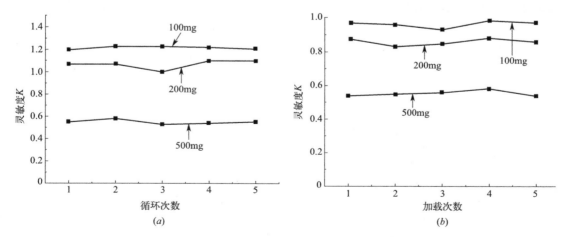

图 4-38　薄膜灵敏度与循环加载次数关系曲线

(a) 拉伸状态；(b) 压缩状态

课题组先期进行的灵敏度测试得到结论，吴晓平的灵敏度系数在 12 层时为 0.038/mm，表现最佳为 9 层时为 0.127/mm，后者为前者的 3.36 倍；王旭制备出的传感器薄膜 6 层为 1.3/mm，最低是 12 层为 0.55/mm。对比两者，当 PVA 掺量分别为 500mg、200mg、100mg 时，灵敏度分别为 0.55/mm、1/mm、1.2/mm。

6. 传感器线性度性能

传感器线性度是测试传感器对荷载响应程度的重要指标，通过计算机校准可将传感器偏离曲线进行矫正。通过观察公式不难看出，线性度就是拟合曲线的符合度，记录点越复合曲线，线性度越好。从图 4-39 可以看出，通过对比不同掺量的 PVA 对电阻率极值的影响，得出 PVA 掺量在不同程度上影响了电阻率的变化，掺量越高电阻变化率相应地减小；尽管电阻率极值测点稍微距拟合曲线发生偏差，但基本坐落在拟合曲线两侧，这表明测点没有显著突出点，较为均匀。从 CNT 结构进行分析，管状结构之间的连接密集程度决定于胶粘剂 PVA 掺量的多少，适当含量的 PVA 掺量不仅可以具有为 CNT 支撑骨架的作用，而且可以对 CNT 的电学性能影响程度最小化。课题组先期进行的线性度测试分别得到以下结论：吴晓平的线性度 9 层为 3.22%，12 层为 6.21%，相差 2.89%；王旭的线性度 3 层为 2%，6 层为 6.2%，相差 4.2%。对比两者，掺杂 PVA 的稳定系数均保持在 0.1～0.2 之间，虽然不是完全的线性变化，但离散度保持在合理的范围之内。

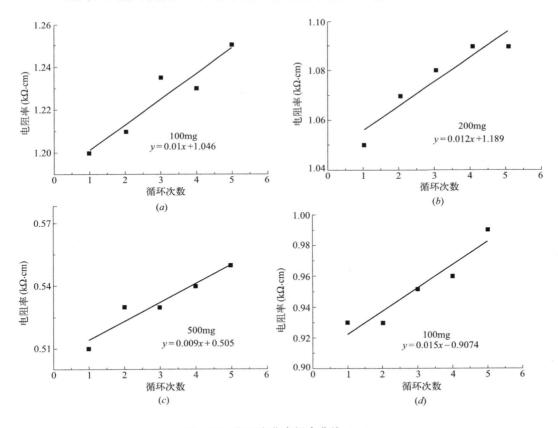

图 4-39　电阻变化率拟合曲线（一）

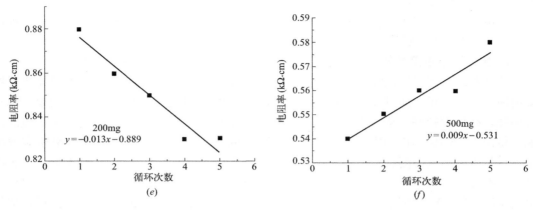

图 4-39　电阻变化率拟合曲线（二）

（*a*）~（*c*）拉伸状态；（*d*）~（*f*）压缩状态

从图 4-40 可以看出，通过对比不同 ZnO 阵列的制备法对电压峰值的影响，得出通过碱法得到的压电片的压电效果更加明显。

拟合优度：

$$y = 5.79 - 0.91x + 0.095x^2（水热法）\tag{4-15}$$

$$y = 1.89 - 0.39x + 0.0084x^2（碱法）\tag{4-16}$$

确定系数 R^2 分别对应为 0.95、0.98 较接近于 1，尽管电压峰值测点稍微距拟合曲线发生偏差，但基本坐落在拟合曲线两侧，这表明测点没有显著突出点，较为均匀。从压电层结构进行分析，ZnO 经历每次加载之后出现了不同程度的松动和脱落，对于 ZnO 纳米晶压电层的影响较为严重，突出表现在电压幅值上，同时多次加载之后的衰减速率不断减小，压电效果趋于稳定。

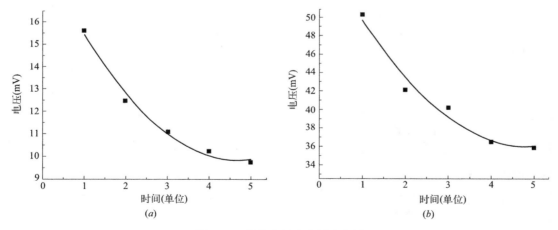

图 4-40　峰值电压变化拟合曲线

（*a*）水热法压电片峰值电压图；（*b*）碱法压电片峰值电压图

4.4.5　振动测量 DASP

借助 DASP 振动测量仪对 ZnO 的振动频率进行测定。振动测量依据压电效应于 18 世纪 80 年代提出，提出者是法国科学家居里兄弟，正压电效应、逆压电效应共同构成了这一理论，前者是由外力使得晶体产生变形，电子发生重排列，集聚在晶体的两个受力面；而后者指晶体在电场作用下，电子的定向排列使得晶体发生机械变形。这里要指出，在正压电效应下，接入外电路后，电子流入外循环，因此，若要得到持续的电流，应当发生在周期性、持续性荷载下，从而也解释了压电信号监测动态荷载信号。通过式（4-17）可以得出动力荷载（F_{dyn}）主要与自重、自振频率、材料的长度有关，因此在取样过程中，为能测量较为准确的实验结论，对实验采取的样品大小规格进行了相应的设计（图 4-41）。

$$F_{dyn} = \pm 4\pi^2 m_{eff}(\Delta L/2)f^2 \tag{4-17}$$

式中　m_{eff}——材料自重；

　　　　L——材料长度；

　　　　f——自振频率。

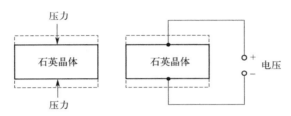

图 4-41　正压电效应（左）和逆压电效应（右）

压电传感器通过将振动荷载转变成 ZnO 阵列具有的电荷信号，因此组件主要由压力检测仪以及电路放大器构成，如图 4-42、图 4-43 所示。为了将电荷信号进行更精确的测量和处理，通常在电路中放置电荷放大器，将电荷信号转换成电压信号。

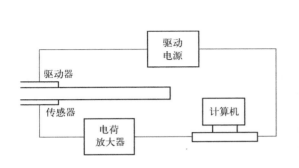

图 4-42　ZnO 振动测量线路示意图

图 4-43　DASP 振动测量装置实物图

传感器的设计应对实际工程中的振动荷载监测、测量，符合外贴式和内置型的传感器铺设制备工艺，压电传感器兼具测量荷载强度大小和荷载频率以及荷载与基建因共振引起的共振强度，压电信号强度一方面由受力的大小决定，其次与荷载的频率有关，若频率越接近压电材料的自振频率则压电信号会更大。为使得传感器的力锤击打力度足以激发传感器进行信号监测，要求传感器的刚度要足以支撑锤击。为适应于现实工程条件，在振动荷载下应当具有一定的弹性恢复能力，受监测的试件需要进行重新设计。实验测试及信号采集所用激振力锤采用北京东方振动和噪声技术研究所 INV9313 型 ICP 中型力锤，灵敏度为 0.201mV/N，测力范围 0～25000N；信号采集仪采用 INV3062T0 型，搭配 DASP v11 工程版分析软件，采集仪单通道最高采样频率为 51.2kHz，动态范围 120dB；振动传感器采用朗斯测试技术有限公司 LC0103 型 ICP 加速度传感器，灵敏度范围 49.5～50.1mV/g，谐振频率为 32kHz，频率范围 0.35～10000Hz。

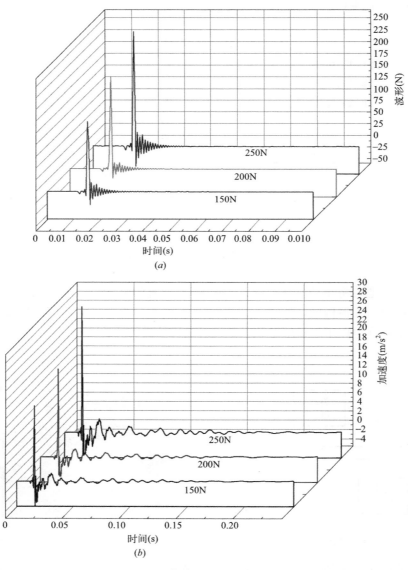

图 4-44　传感器振动时域波形图

（a）锤击力度时域波形图；（b）水泥板振动时域波形图

　　图 4-44 展示的为传感器外贴在规格为 20mm×40mm×400mm 的水泥板上，锤击力度时域波形图表示为锤击力度，力度分别为 150N、200N、250N，通过振动谱图可以看出，锤击力度影响振动响应时间，响应时间均维持在 0.015s 之内。通过观察水泥板振动时域波形图可以看出锤击力度控制振动幅度、加速度，荷载分别为 150N、200N、250N，对应的最大加速度为 $16.16m/s^2$、$18.86m/s^2$、$27.26m/s^2$。

　　通过图 4-45 可以看出，输出的电压信号与振动荷载发生了迟滞，即在击打水泥板之后，分别对应的极限值为 5.21mV、7.21mV、8.2mV。从数值上可以看出，振动荷载与传感器的电压信号输出成线性关系，输出的电压值随着锤击力度的增加而相应的提高。

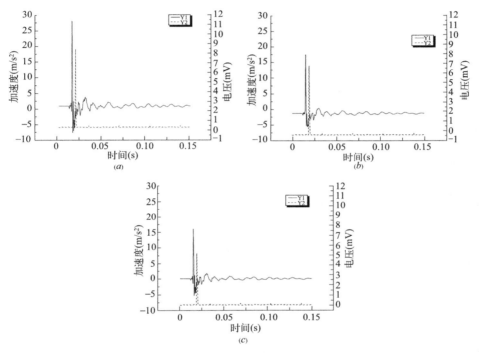

图 4-45　传感器不同锤击力度下输出电压关系曲线
(*a*) 150N；(*b*) 200N；(*c*) 250N

4.5　本章小结

　　本章主要介绍了纳米 ZnO 的三种制备方式、锌基 CNT-ZnO 复合传感器制备方法，并测试、分析了复合薄膜传感器的压电、压阻等传感性能。

　　锌基 CNT-ZnO 复合薄膜传感器在进行压力测试过程中，压阻片层表现出了较为稳定的信号输出，不同 PVA 掺量对压阻性能的影响较为明显，当掺量为 CNT∶PVA=1∶2 时，电阻的幅值变化为 11.3kΩ，变化率为 94.99%；掺量为 1∶1 时，电阻的幅值变化率为 99.84%。同时因为 PVA 掺量过高过低不利于压阻信号的测试，不适于实际工程检测，最佳配合比为 PVA∶CNT=0.8～1.5。在压电传感性方面，通过电荷聚集以及电容扩张进行描述，随着压力荷载的增加电荷量不断积聚增加，在压强为 19.9MPa 时达到极大值

151200pc；随着压力荷载的增加电容逐渐变大，在压强为 19.9MPa 时达到极大值 74771pc。通过公式计算得出在压强 19.9MPa 时电压为 2.02V。

在三点弯曲拉伸测试中，压阻薄膜片层表现出良好的拉伸性、恢复性，在拉伸过程中，当 PVA 掺量为 PVA：CNT＝5：1 时，电阻变化率为 25%；掺量为 PVA：CNT＝2：1 时，电阻变化率为 54%；掺量为 PVA：CNT＝1：1 时，电阻变化率为 60%。在压缩过程中，掺量为 1：1、2：1 时电阻变化率基本相等，维持在 48% 左右；掺量为 5：1 时电阻变化率为 27%。在压电传感性方面，碱法制备的压电层荷载响应效率明显高于热液法，最大电压发生在最大位移下为 4.65V，第一个循环之后发生衰减，第二个波峰为 3.88V，衰减率大约为 16.6%，随后的波峰顺次发生衰减，但衰减率逐渐减小，最后一次衰减率为 7.2%。相较于前者，水热法产生的最大电压为 1.59V，第二个波峰为 1.21V，衰减了大约 13.9%，随后同样发生了衰减。

进行 DASP 测量，输出的电压信号与振动荷载发生了迟滞，即在击打水泥板之后，在间隔 0.15s 后发生电压的变化，荷载分别为 150N、200N、250N，对应的极限值为 5.21mV、7.21mV、8.2mV。从数值上可以看出，振动荷载与传感器的电压信号输出成线性关系。

参考文献

[1] 张志焜，崔作林. 纳米技术与纳米材料 [M]. 北京：国防工业出版社，2000.

[2] 魏保立，苏晓慧. 桥梁结构健康监测研究现状分析 [J]. 北方交通，2008，(1)：122-125.

[3] 项贻强. 结构健康监测与控制发展保持强势 [J]. 国际学术动态，2007，(4)：14-16.

[4] 戴亚文. 面向工程结构的无线分布式监测系统研究 [D]. 武汉：武汉理工大学，2011.

[5] 侯慧林. 静电纺丝制备 SiC 介孔纳米纤维及其结构调控 [D]. 太原：太原理工大学，2012.

[6] 赵铧，李韦，刘高斌，等. ZnO 纳米材料及掺杂 ZnO 材料的最新研究进展 [J]. 材料导报，2007，21 (9)：105-113.

[7] Özgr Y I，Liu C，Teke A，et al. A comprehensive review of ZnO materials and devices [J]. Journal of Applied Physics，2005，98：041301.

[8] Dal C A，Posternak M，Resta R，et al. Ab initio study of piezoelectricity and spontaneous polarization in ZnO [J]. Physical Review B，1994，50 (15)：10715.

[9] Mohammad M T，Hashim A A，Al-maanmory M H. Highly conductive and transparent ZnO thin films prepared by spray pyrolysis technique [J]. Materials Chemistry & Physics，2006，99 (2)：382-387.

[10] 赵新宇，郑柏存，李春忠，等. 喷雾热解合成 ZnO 超细粒子工艺及机理研究 [J]. 无机材料学报，1996，(4)：611-616.

[11] 李旦振，陈亦琳，林熙，等. 纳米 ZnO 的制备及发光特性研究 [J]. 无机化学学报，2002，18 (12)：1229-1232.

[12] 王振希，郑典模，李建敏，等. 直接沉淀法制备纳米氧化锌工艺研究 [J]. 无机盐工业，2006，(9)：40-42.

[13] 刘佳. 半导体功能材料一维纳米结构的水热合成、表征与性能研究 [D]. 哈尔滨：东北师范大学，2007.

[14] 郁平，房鼎业. 纳米氧化锌的制备 [J]. 化学世界，2000，(6)：293-294，302.

[15] 李成斌，徐至展，贾天卿，等. 氧化锌纳米颗粒缺陷能级发光特性研究 [J]. 液晶与显示，

2004，19（6）：431-433.

[16]　王静 . ZnO 的形貌控制及其光催化性能研究 [D] . 兰州：兰州大学，2016.

[17]　董一帆 . 纳米氧化锌的制备和在有机太阳能电池的应用 [D] . 广州：华南理工大学，2016.

[18]　吴妮 . 钙钛矿太阳电池吸收层的制备与光伏性能关系的研究 [D] . 合肥：合肥工业大学，2016.

[19]　Mu G，Gudavarthy R V，Kulp E A，et al. Tilted epitaxial ZnO nanospears on Si（001）by chemical bath deposition [J] . Chemistry of Materials，2009，21（17）.

[20]　Liu K H，Gao P，Xu Z，et al. In situ probing electrical response on bending of ZnO nanowires inside transmission electron microscope [J] . Applied Physical Letter，2008，92：213105.

[21]　刘春冉，张健，郑小东，等 . 两步水浴法制备 ZnO 纳米棒阵列的研究 [J] . 南通大学学报（自然科学版），2012，11（1）：30-34.

[22]　张立德 . 纳米材料研究的新进展及在 21 世纪的战略地位 [J] . 中国粉体技术，2000，6（1）：1-5.

[23]　刘畅，成会明 . 电弧放电法制备纳米碳管 [J] . 新型炭材料，2001，16（1）：67-71.

[24]　孙景，胡胜亮，杜希文 . 激光法制备碳质纳米材料 [J] . 新型炭材料，2008，23（1）：86-94.

[25]　安玉良，袁霞，邱介山 . 化学气相沉积法碳纳米管的制备及性能研究 [J] . 炭素技术，2006，25（5）：5-9.

[26]　韩凤梅，郭燕川，陈丽娟 . AAO 模板法生长碳纳米管阵列及形成机理研究 [J] . 无机化学学报，2005，21（7）：1004-1008.

[27]　邓淑玲 . 碳材料改性聚苯硫醚及其共混物的结构和性能研究 [D] . 广州：暨南大学，2016.

[28]　Zhao J，Buldum A，Han J，et al. First-principles study of Li-intercalated carbon nanotube ropes [J] . Physical Review Letters，1999，85（8）：1706-1709.

[29]　 Zhou O，Fleming R M，Murphy D W，et al. Defects in carbon nanostructures [J] . Science，1994，263（5154）：1744.

[30]　Hough L A，Islam M F，Hammouda B，et al. Structure of semidilute single-wall carbon nanotube suspensions and gels. [J] . Nano Letters，2006，6（2）：313.

[31]　罗健林 . 碳纳米管水泥基复合材料制备及功能性能研究 [D] . 哈尔滨：哈尔滨工业大学，2009.

[32]　罗明，李亚伟，金胜利，等 . 碳纳米管增强陶瓷基复合材料的研究与展望 [J] . 材料导报，2010，24（1）：155-158.

第 5 章 静动态双模式柔性智能应变传感器组装与性能分析

5.1 引言

在经济迅速发展以及人们生活水平显著提高的情况下，人们对建筑的要求越来越高，建筑师在建筑美学方面以及建筑结构性能、多功能、多用途等方面也有创新，设计出了众多体量复杂和内部空间多变的建筑。这些建筑多为不规则结构，这对建造和 SHM 都产生了不小的挑战。柔性应变传感器在人机交互、运动监测、智能机器人和电子皮肤等领域的应用对 SHM 十分有借鉴意义。而 SHM 信号的复杂程度对柔性应变传感器的应用产生了挑战，通过对压阻式传感器和压电式传感器的传感性能的研究，对压电传感和压阻传感的性能特点进行归纳：压阻式传感器的作用体现在对于静态力的检测；压电式传感器则响应迅速，适用于动态信号的检测。双模式传感器将压阻传感机理与压电传感机理相结合，两种机制相互配合以优化监测信号的全面性。这其中，不仅涉及制备方法的改进，还有性能的大幅度提升，从而满足传感性能和具体应用的需求，研究者们通过选材、结构设计、性能优化等手段进行了传感器制备方法的多种探究。

本章在前文制备的多孔 CNT 烧蚀骨架和 PVDF 薄膜的基础上结合柔性高分子材料组装了双模式柔性传感薄膜，开展了传感器静态压阻传感性能、动态压电传感性能的测试，之后进行了双模式信号感知性能的测试，这对复杂异形结构的全频域健康监测而言意义突出。

5.2 实验材料、实验设备

本节分别对不同 CNT 附着量的多孔 CNT 烧蚀骨架和 PVDF 薄膜制得的双模式柔性传感器的静态应变压阻传感特性、动态应变压电传感特性，以及静动态双模式信号感知能力进行了测试，试样制备过程中的原材料、多孔 CNT 烧蚀骨架制备、PVDF 薄膜极化、电极制备等工艺均与第 2、3 章相同，最后用 PDMS（道康宁 SYLGARD184）对传感层进行封装。

测试过程中主要使用到 INV 3062T0 型动态信号采集仪，配置 DASP v11 工程版分析软件、INV 9311 型 ICP 小型力锤，均购自北京东方振动和噪声技术研究所；DC30V5A 型直流稳压电源，购自江苏卡宴电子有限公司；CMT 5504 型电子万能实验机（50kN），购自美特斯（MTS）工业系统有限公司；屏蔽线、导线、标准电阻及 1mm ×25mm × 320mm 钢片若干，均为市售。

5.3　静动态双模式柔性传感器组装

　　基于静态信号双模式监测和柔性的监测需求，本书采用多孔 CNT 烧蚀骨架作为柔性压阻层实现静态信号敏感，PVDF 薄膜作为柔性压电层实现动态信号敏感，如图 5-1(a) 所示的三明治式复合层状结构，压电层和压阻层的传感信号通过不同的电极输出，避免了两组信号的相互干扰，确保了监测的准确性。上层为 PVDF 压电层，下层为多孔 CNT 烧蚀骨架压阻层，为防止导线的刚度影响传感器的柔性，将铜箔裁剪成宽 2mm 的细丝作为导线，分别用导电银胶粘贴铜箔丝引出电极，整体采用柔性封装材料 PDMS 封装，起整合结构和保护作用，保证整体柔性。PDMS 和固化剂的比例为 10∶1，搅拌混合后置于真空消泡桶消泡 30min，多孔 CNT 烧蚀骨架薄膜、PVDF 薄膜分别进行浇筑，60℃ 加热 10min，待 PDMS 半固化后将两片薄膜贴敷在一起放入烘箱继续固化，制得的薄膜如图 5-2 所示具有超高的柔性，可在 0°～180° 内灵活弯曲，薄膜厚度在 2.2mm 左右。

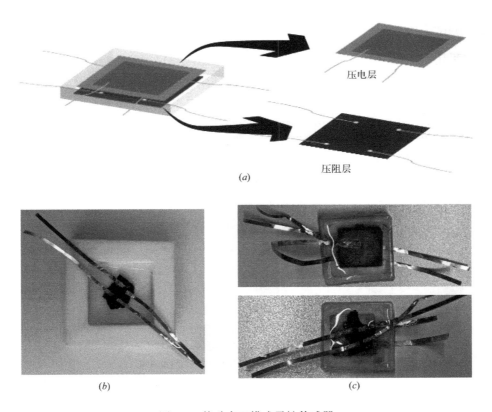

图 5-1　静动态双模式柔性传感器

(a) 静动态双模式柔性传感器结构示意图；(b) 模具封装中的多孔 CNT 烧蚀骨架压阻层；(c) 传感器实物图

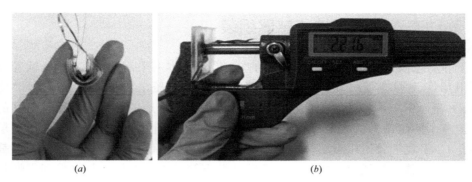

图 5-2　静动态双模式柔性传感器

（a）180°弯心角；（b）2.2mm 左右的厚度

5.4　静态应变压阻传感测试

5.4.1　测试方案

本节采用简支梁三点弯曲加载法（测试仪器见图 5-3），测试过程中在试件跨中施加垂直向位移，薄膜粘贴于试件跨中受拉区，测试薄膜压阻性能随应变的变化情况，利用直流稳压电源提供 2.4V 的激励电压，由于信号采集系统无法直接获取电阻信号，所以将一个与薄膜压阻层阻值相接近的标准电阻一起串联在电路中，作为参比电阻用于标定薄膜压阻层的电阻变化值，本书中多孔 CNT 烧蚀骨架的特殊结构使得压阻层具有较小的初始电阻，1cm² 大小喷涂 1~6 次的骨架样品和 4 次未烧蚀样品初始电阻分别为：66.14Ω、58.11Ω、35.59Ω、25.37Ω、22.69Ω、19.13Ω、5.54Ω，薄膜压阻层与标准电阻均作为电压输出源通过屏蔽线分别与信号采集系统连接，测试系统布置如图 5-4 所示。

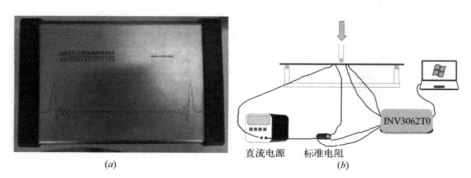

图 5-3　压阻性能测试仪器与方案

（a）INV 3062T0 型动态信号采集仪；（b）传感器压阻性能测试系统

最终，通过下式可以推导出薄膜压阻层电阻值随跨中位移的实时变化量：

$$\Delta R_{nc} = \left[\frac{U_{nc}(t)}{U_{sr}(t)} - \frac{U_{nc}(t_0)}{U_{sr}(t_0)} \right] R_{sr} \tag{5-1}$$

……实物布置

式中　　　　ΔR_{nc}——……………………量（kΩ）；

　　$U_{nc}(t)$，$U_{sr}(t)$——…………………的实时电压（mV）；

$U_{nc}(t_0)$，$U_{sr}(t_0)$——…………………初始电压（mV）；

　　　　　　R_{sr}——…………………

　　进一步采用薄膜……………………R_{nc}^0 随跨中位移的实时变化来描述压阻性能，以消除压阻层……………… $_{nc}$ 为薄膜压阻层电阻初始值（kΩ）。

　　本节分别对含有……………………骨架压阻层双模式柔性传感器的压阻特性进行测试，具体……………………移从 0～15mm；位移加载速率设置为10mm/min，考察不……………………架压阻薄膜的灵敏度、线性度、滞后性和响应时间；（2）………………………喷涂次数的压阻薄膜进行响应稳定性测试，分别测试跨中……………………率 60mm/min，循环 10000 次的压阻响应；（3）考察最优……………………值和加载速率的响应，考察跨中位移分别为 2mm 和 5mm ……………………10mm/min、30mm/min、60mm/min、90mm/min 和 120………………………成循环次数为 10。

5.4.2　灵敏度

　　应变传感器的……………………输出变化量与外加应变的归一化比值，是柔性应变传感器主……………………

$$\cdots\cdots/R_{nc}^0 \tag{5-2}$$

式中　ε——钢片……………………；

　　　f——弯……………………

　　　h——钢片厚度，本书中……………………

　　　l——弯曲跨距，本书中为 258mm。

考虑到电阻率在拉伸过程中的变化，将曲线划分为 3 个线性区域来描述传感器对不同应变的响应（图 5-5）。表 5-1 显示了不同喷涂次数多孔 CNT 烧蚀骨架及喷涂 4 次 CNT 纤维布的灵敏度，当 CNT 含量较低时，CNT 间接触较少烧蚀骨架的灵敏度较差，表明对应变的感知能力较弱，CNT 纤维布喷涂 4 次时骨架灵敏度有了显著提升，在三个线性区间 GF 系数分别达到了：6090.3、25968.83 和 4221.25。喷涂次数超过 4 次后灵敏度呈现明显的下降趋势，喷涂超过 4 次时 CNT 已构建了更密集的导电网络，在变形过程中 CNT 数量足够保持有效导电路径，此时多孔 CNT 烧蚀骨架在电学角度更接近于导体，电阻相对变化率随应变不会显著变化，另一方面结合前文 Van der Pauw 四探针法测试结果，不同喷涂次数烧蚀骨架的灵敏度可能与其前身 CNT 纤维布的浆料附着均匀性有关。与相同喷涂次数的烧蚀骨架相比 CNT 纤维布中由于棉纤维和表面活性剂的存在，CNT 间的接触效果较烧蚀骨架样品更逊色，表现为灵敏度和线性度的不佳，在前两个线性区间的 GF 系数分别为 -3671.494 和 6886.939，要远低于相同喷涂次数的烧蚀骨架样品。在第三个线性区间，棉纤维的存在对 CNT 纤维布刚度特性的影响更加明显，在应变作用下 GF 系数表现出与烧蚀骨架完全不同的变化。

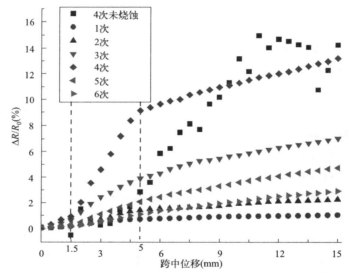

图 5-5 双模式柔性传感器不同喷涂次数多孔 CNT 烧蚀骨架及喷涂 4 次 CNT 纤维布压阻层电阻变化率—跨中位移曲线

不同喷涂次数多孔 CNT 烧蚀骨架及喷涂 4 次 CNT 纤维布压阻层电阻变化率—跨中位移曲线灵敏度

表 5-1

喷涂次数（次）	跨中位移（mm）		
	0~1.5	1.5~5	5~15
1	743.1	1669.0	337.2
2	1066.5	3987.1	932.8
3	3767.0	9943.8	3186.0
4	6098.3	25968.8	4221.2

喷涂次数（次）	跨中位移（mm）		
	0～1.5	1.5～5	5～15
5	1432.8	5598.5	2806.7
6	790.2	2911.2	1912.4
4 次未烧蚀	−3671.5	6886.9	11473.2

5.4.3　线性度

线性度是用于表征电阻变化率—应变关系曲线与其拟合直线间最大偏差的指标，可以反映电信号与应变变化的相关性，线性度较好的传感器有助于信号的处理和减小信号离散性，理想的传感器有严格的一一对应的输入和输出关系，但目前绝大多数的柔性传感器没有做到像刚性传感器特性的线性关系。

本节中利用最小二乘法对图 5-5 电阻变化率与跨中位移关系曲线进行线性拟合，曲线拟合优度 R^2 越大，代表电信号与位移变化的相关性越强，见表 5-2，在各位移阶段 CNT 纤维布的线性度最差，显然纤维布和表面活性剂的去除对线性度有显著的提升。随着喷涂次数的增加线性度逐步提升，喷涂 6 次时表现最优，在 0～1.5mm 区段分别为：0.9927、0.9967、0.9954。但喷涂 4 次以后相互间的差距不再明显，4～6 次喷涂次数增加两次各区段线性度仅分别提升了 0.13%、−0.01%、0.01%，表明稳定的导电网络有助于线性度的提高。

不同喷涂次数多孔 CNT 烧蚀骨架及喷涂 4 次 CNT 纤维布压阻层电阻变化率—跨中位移曲线线性度

表 5-2

喷涂次数（次）	跨中位移（mm）		
	0～1.5	1.5～5	5～15
1	0.9316	0.9511	0.9511
2	0.9681	0.9797	0.9791
3	0.9701	0.9834	0.9836
4	0.9914	0.9968	0.9953
5	0.9916	0.9969	0.9947
6	0.9927	0.9967	0.9954
4 次未烧蚀	0.3101	0.4949	0.7404

5.4.4　迟滞性

迟滞现象是在相同的测试条件下，传感器加载曲线与卸载曲线不重合的现象。负载和卸载响应曲线之间的最大差值与信号的满量程输出之比，通常用来表示传感器的滞后性。

$$\gamma_R = \frac{\Delta_{max}}{y_{F.S}} \times 100\% \tag{5-3}$$

式中　γ_R——传感器的迟滞系数；

$\Delta_{\max}$——电阻相对变化率在加载与卸载过程中的最大差值；

$y_{\mathrm{F.S}}$——电阻相对变化率的满量程输出。

本节对传感器输入和输出信号进行了三个测试循环如图 5-6 所示，由公式(5-3) 计算出不同传感薄膜的迟滞系数，见表 5-3。随喷涂次数的增加 γ_R 明显降低，结合前文来看主要与导电网络的形成有关。喷涂 4 次的多孔 CNT 烧蚀骨架具有较小的迟滞系数，三次循环测试的平均值为 6.669%，表现为在加载与卸载过程中响应曲线重合程度较好，表明

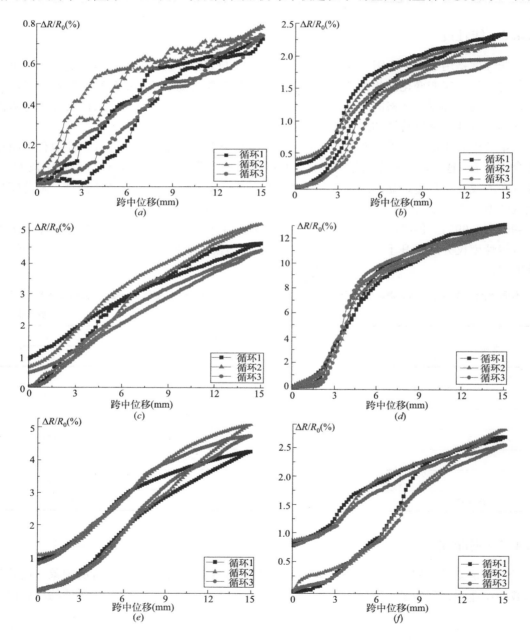

图 5-6　不同喷涂次数多孔 CNT 烧蚀骨架及喷涂 4 次 CNT 纤维布压阻层迟滞特性曲线（一）

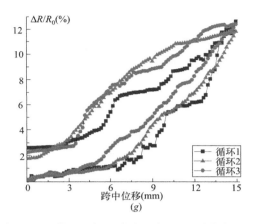

图 5-6   不同喷涂次数多孔 CNT 烧蚀骨架及喷涂 4 次 CNT 纤维布压阻层迟滞特性曲线（二）
（*a*）1 次；（*b*）2 次；（*c*）3 次；（*d*）4 次；（*e*）5 次；（*f*）6 次；（*g*）4 次未烧蚀

此样品在变形和复原过程中前后一致性良好，几乎不发生变化。喷涂超 4 次，样品增大的迟滞性归结为烧蚀骨架在变形复原过程中内部导电网络的部分永久性破坏。与 CNT 纤维布相比，多孔 CNT 烧蚀骨架的迟滞性要更小，相同喷涂次数样品的平均迟滞系数降低了 85.68%，这得益于烧蚀骨架的结构，在应变完全释放后，尽管弹性基体的黏弹特性会产生负面影响，但 CNT 可以迅速恢复渗流状态。

不同喷涂次数多孔 CNT 烧蚀骨架及喷涂 4 次 CNT 纤维布传压阻层迟滞系数   表 5-3

浸渍次数（次）	不同循环次数下的迟滞系数			平均迟滞系数
	1	2	3	
1	31.092%	28.508%	22.233%	27.278%
2	29.367%	25.851%	20.449%	25.225%
3	21.258%	18.468%	12.067%	17.264%
4	8.159%	7.177%	4.674%	6.669%
5	27.381%	27.040%	22.937%	25.786%
6	41.674%	38.115%	36.622%	38.803%
4 次未烧蚀	45.388%	55.643%	39.299%	46.777%

5.4.5 响应时间

响应时间是衡量传感器测试敏捷性的重要特性，反映了柔性应变传感器对于应变信号的快速响应能力，响应时间由传感器的稳态响应和激励之间的差值表征。测试结果如图 5-7 所示，激励信号在 30s 出现峰值，喷涂次数较少时由于导电网络较为薄弱，断开再重组达到平衡状态会需要更长的时间，传感器响应曲线峰值的出现时间与激励信号峰值差在喷涂 4 次的样品最小，为 0.028s。而对于喷涂 5 次、6 次的样品粗壮的骨架相对而言刚度更大，对应变变化反应则更迟钝。对于烧蚀骨架而言，长的响应时间主要在于某些部位断开后会形成长时间甚至永久的中断，基于这个原因响应时间长的样品同时也具有较高的迟滞系数。

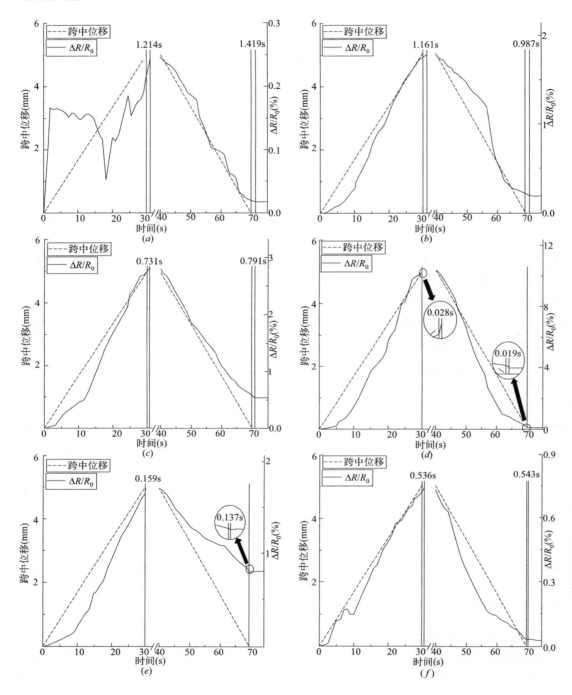

图 5-7　不同喷涂次数多孔 CNT 烧蚀骨架及喷涂 4 次 CNT 纤维布压阻层响应时间曲线（一）

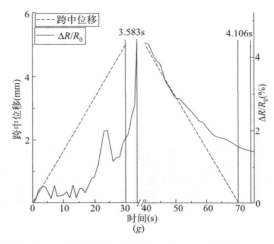

图 5-7　不同喷涂次数多孔 CNT 烧蚀骨架及喷涂 4 次 CNT 纤维布压阻层响应时间曲线（二）

(*a*) 1 次；(*b*) 2 次；(*c*) 3 次；(*d*) 4 次；(*e*) 5 次；(*f*) 6 次；(*g*) 4 次未烧蚀

5.4.6　稳定性

在实际工程应用过程中，柔性应变传感器可能处于长时间的工作环境中，因此，传感器具有一定的稳定性就显得尤为重要。在聚合物、纳米材料复合材料的柔性应变传感器研究中复合材料的不稳定性很常见。主要因素包括聚合物基的老化、滞后和蠕变，传感纳米材料之间重新建立的搭接，传感机制生效的不稳定性及聚合物和传感纳米材料之间界面结合的不可逆性。分析上述测试结果发现喷涂 4 次的多孔 CNT 烧蚀骨架的综合性能最优，进一步对其开展了循环稳定性的测试。

图 5-8、图 5-9 为加载速率 60mm/min，跨中不同加载位移下，循环加载 1 万次响应

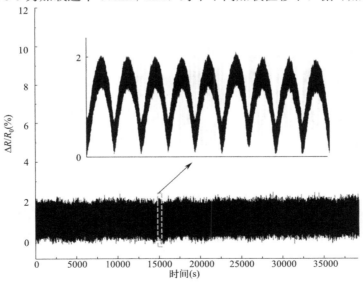

图 5-8　跨中加载位移 2mm 时喷涂 4 次多孔 CNT 烧蚀骨架压阻层 1 万次循环响应曲线

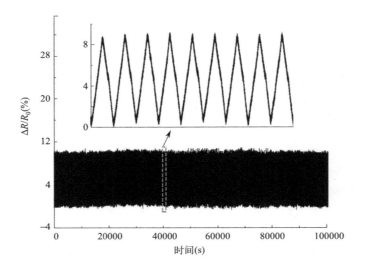

图 5-9　跨中加载位移 5 mm 时喷涂 4 次多孔 CNT 烧蚀骨架压阻层 1 万次循环响应曲线

曲线。从图中可以看出，传感器在整个循环往复的过程中电阻相对变化率的峰值形状和高度没有明显的变化，说明传感器具备良好的机械稳定性，有较长的使用寿命，这与多孔 CNT 烧蚀骨架的多孔形貌和层次性交织结构有关。还测试了不同跨中加载位移下不同加载速率的响应情况如图 5-10、图 5-11 所示。结果发现，同一加载位移下不同加载速率的响应峰值是一定的，当跨中位移为 2 mm 时不同加载速率下电阻相对变化率均在 1.987% 左右；跨中位移增大到 5 mm 后相对应的电阻相对变化率增大到 9.026% 左右，但输出值

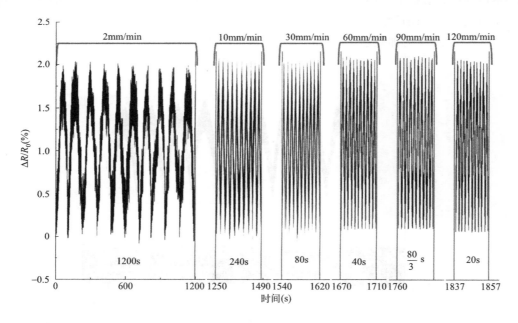

图 5-10　跨中加载位移为 2 mm 时喷涂 4 次多孔 CNT 烧蚀骨架压阻层不同加载速率循环 10 次响应曲线

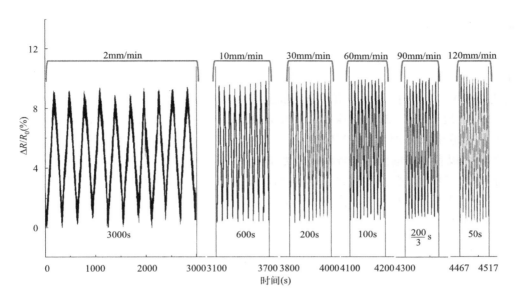

图 5-11　跨中加载位移为 5mm 时喷涂 4 次多孔 CNT 烧蚀骨架压阻层不同加载速率循环 10 次响应曲线

也并未随加载速率的改变出现变化。这反映了不同速率下多孔 CNT 烧蚀骨架传感器的稳定性，同时也反映出压阻类传感器的静态传感特性，以及最终的受力状态和应变状态，对应变速率不敏感。

5.5　动态应变压电传感测试

5.5.1　测试方案

本节借助 INV 3062T0 型动态信号采集系统和 INV 9311 型 ICP 小型力锤，对包含 90℃极化的 PVDF 薄膜的双模式柔性传感器的压电传感性能进行了测试，具体测试方案如下：（1）使用力锤对薄膜垂直施加不同力度的锤击，同步采集力锤、薄膜的电压信号；（2）如图 5-12 所示，用力锤敲击悬臂试件悬臂端，使试件自由振动，采集该过程中力锤及薄膜的电压信号。

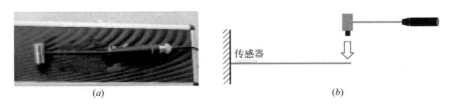

(a)　　　　　　　　　　　　　　(b)

图 5-12　双模式柔性传感器的压电传感性能测试方案

（a）INV9311 型 ICP 小型力锤；（b）振动测试示意图

5.5.2 电压信号强度测试

如图 5-13 所示，PVDF 薄膜在敲击压力下有明显的电压信号输出，受到外界刺激后在电极层产生瞬间极化感应电荷，表现出对瞬态力的敏感。INV9311 型 ICP 小型力锤灵敏度为 10mV/N，根据力锤通道的电压输出值可算出敲击的峰值压强，5 次敲击峰值压强分别为 95.3147kPa、127.5684kPa、150.3441kPa、161.7625kPa、167.9403kPa，对应的 PVDF 薄膜输出值分别为 0.0271mV、0.0418mV、0.0603mV、0.0707mV、0.0832mV，从数值上可以看出，输出电压峰值随着敲击力度的增加而相应的提高，PVDF 薄膜最小检测阈值约为 95kPa。通过图 5-14 可以看出，敲击力度影响响应时间，PVDF 薄膜输出的电压信号与敲击荷载发生了不同程度的延迟，力锤敲击峰值与 PVDF 薄膜峰值电压的时间间隔分别为 9.4ms、10.9ms、10.7ms、10.6ms、10.5ms，根据两峰值信号的时间差以及峰值电压的大小可以检测出加载的速度和加速度信息。

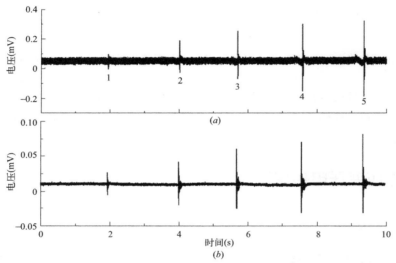

图 5-13 双模式柔性传感器 PVDF 薄膜层敲击脉冲荷载时域波形图
(a) 力锤输出；(b) 双模式传感器 PVDF 薄膜输出

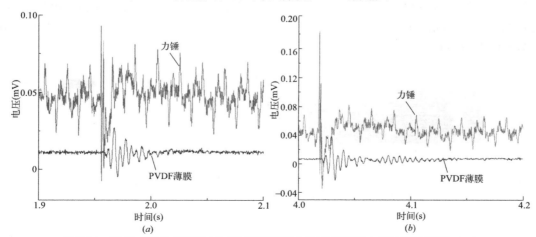

图 5-14 双模式柔性传感器 PVDF 薄膜层敲击脉冲荷载下响应时域波形图（一）

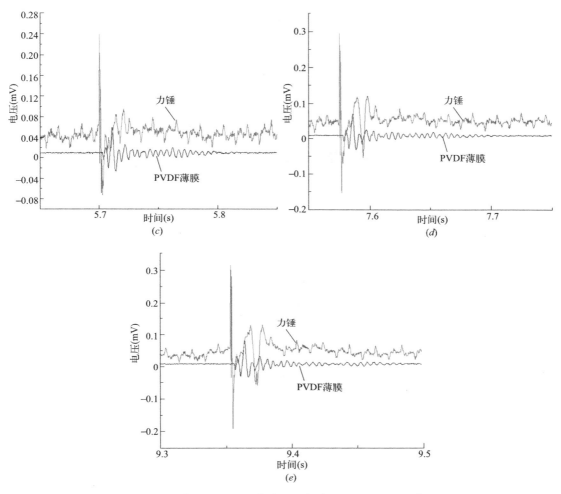

图 5-14　双模式柔性传感器 PVDF 薄膜层敲击脉冲荷载下响应时域波形图（二）

（*a*）第 1 次；（*b*）第 2 次；（*c*）第 3 次；（*d*）第 4 次；（*e*）第 5 次

5.5.3　DASP 振动测试

用力锤击打悬臂梁自由端后，悬臂梁结构随振动反复弯曲，悬臂梁末端应变不断发生变化，此时贴附于不锈钢悬臂梁末端的应变传感器可以通过输出电压信号对悬臂梁的末端应变进行表征。PVDF 薄膜随试件自由振动的时域波形图如图 5-15 所示，在力锤作用时，力锤达到峰值输出，此时悬臂梁末端应变最大，相应的 PVDF 薄膜也达到峰值输出；力锤作用结束后，力锤输出回归作用前水平，此时 PVDF 薄膜仍随悬臂梁自由振动，PVDF 薄膜输出的波形可以反映出悬臂梁振动衰减的过程，可知所得 PVDF 薄膜具有识别振动的能力，而且对敲击产生不同的振速，PVDF 薄膜也表现出不同的波形（图 5-16）。

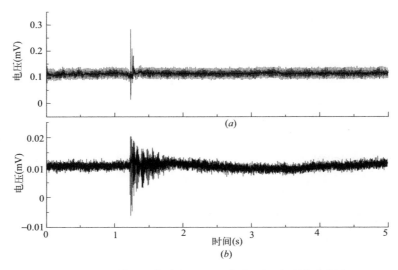

图 5-15　双模柔性传感器 PVDF 薄膜层振动时域波形图
（*a*）力锤输出；（*b*）双模式传感器 PVDF 薄膜输出

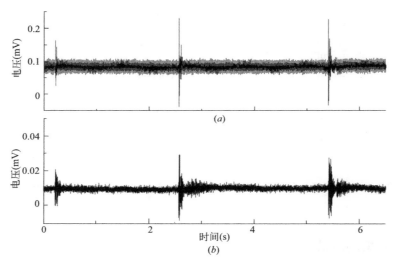

图 5-16　双模柔性传感器 PVDF 薄膜层不同大小振动时域波形图
（*a*）力锤输出；（*b*）双模式传感器 PVDF 薄膜输出

5.6　双模式传感器静动态信号感知性能

5.6.1　人体关节运动信号捕捉

　　人体的运动是一种复杂的过程，包含多种信号形式，人体运动监测不仅需要传感器具有较高的灵敏度，还需要有较大的测试范围，因此设计了人体手部关节运动实验来测试传感器的双模式传感性能和随形能力。将双模式柔性传感器粘贴在手指关节上，如图 5-17

所示传感器随手指一并从 0°弯曲至 90°，同时会对手指的弯曲程度作出反应，当手指保持伸直时，电阻变化率基本保持稳定；当手指弯曲时，电阻变化率发生剧烈变化。压电信号在弯曲瞬时出现了明显的升高，信号强度随着时间的推移而减小直至达到稳态。双模式柔性传感器表现出了极高的柔性，根据压阻信号和压电信号的大小，可以计算出手指的弯曲角度和弯曲速度。

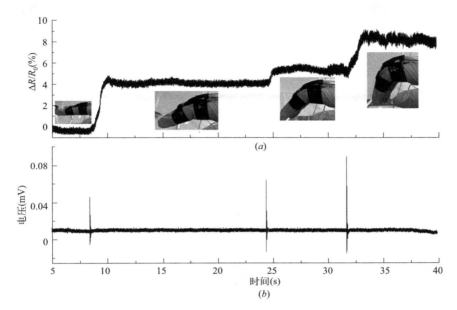

图 5-17　双模式柔性传感器对手指运动的实时响应曲线

（*a*）压阻信号；（*b*）压电信号

5.6.2　不同加载历程应变信号监测

最后对双模式传感器进行了不同加载历程应变信号的检测，本节中在悬臂试件一端悬挂重物测试双模式传感器的响应情况，单个重物重约 2kg，图 5-18、图 5-19 分别为负载从 0—2kg—4kg—6kg 逐级加载再逐级卸载和负载从 0—6kg—0 过程的传感器实时响应曲线，传感器中心处的应变可以由下式计算：

$$\varepsilon = \frac{\sigma}{E} = \frac{6Pd}{Ebh^2} \tag{5-4}$$

式中　P——施加的荷载，$P=mg$，m 为重物质量，g 为重力加速度取 9.8N/kg；

　　　d——施加荷载处至传感器中心的距离，取 100mm；

　　　E——弹性模量，取 205GPa；

　　　b——悬臂梁宽度，取 25mm；

　　　h——悬臂梁厚度，取 2mm。

根据式（5-4），荷载每增加一级应变增加 573$\mu\varepsilon$，因此应变范围为 0～1720$\mu\varepsilon$。

在图 5-18 中压电信号与压阻信号响应时间间隔约为 24ms，逐级加载试件累计的应变越来越大，$\Delta R/R_0$ 逐级增大，1720$\mu\varepsilon$ 时 $\Delta R/R_0$ 约为 13.28%，同等荷载下 $\Delta R/R_0$ 数值

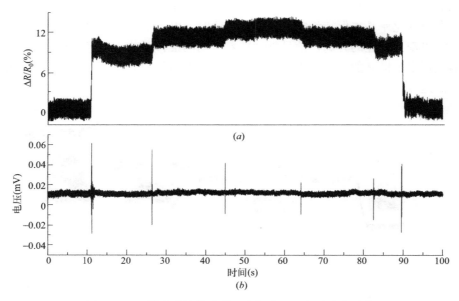

图 5-18　双模式柔性传感器逐次加载过程实时响应曲线

（*a*）压阻信号；（*b*）压电信号

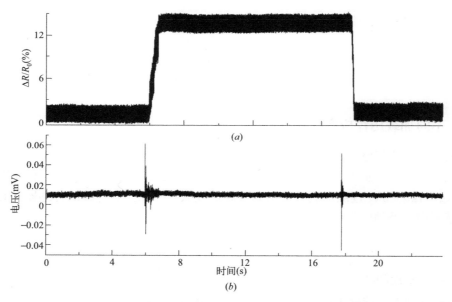

图 5-19　双模式柔性传感器一次加载过程实时响应曲线

（*a*）压阻信号；（*b*）压电信号

与图 5-19 基本一致，每级加载所能引起的振动减小，压电信号输出峰值减小，三级加载所产生的电压峰值为 0.062mV、0.055mV、0.042mV，卸载时反之，电压峰值为 −0.008mV、−0.015mV、−0.027mV。第一级加载中，两种加载过程压电信号的输出电压均为 0.062mV 没有明显的区别，到达平衡状态时，输出电压迅速衰减至稳态，因此仅从电压信号无法区分试样产生了多大的变形；图 5-19 第一级加载完成后由于试件的振动，压电信号有类似于振动测试中的衰减波形，而从压阻信号中仅可分析出加载的最终变形结果，不能从中得出加载过程中的有关信息。因此结合压阻、压电信号的变化曲线可知：$\Delta R/R_0$ 增大时，电压峰值信号为正值时，说明处于加载过程，应变增大；而 $\Delta R/R_0$ 减小，电压峰值信号为负值时，说明处于卸载过程，应变减小；电压信号出现衰减波形时，说明试件处于自由振动过程。

5.7　本章小结

本章组装的双模式柔性传感器厚度在 2.2mm 左右，表现出较高的柔性和测试范围，可在 0°～180°内灵活弯曲，测试了双模式柔性传感器中多孔 CNT 烧蚀骨架的压阻性能和 PVDF 薄膜的压电性能，之后进行了双模式信号感知能力测试，结果如下：

（1）得益于多孔 CNT 烧蚀骨架的多孔形貌和层次性交织结构，与 CNT 纤维布相比，纤维布去除后压阻性能有了大幅提升，不同喷涂次数的多孔 CNT 骨架性能也存在差异，喷涂 4 次样品压阻性能综合表现最好，其初始电阻为 25.37Ω，GF 最高达到 25968.833，线性度最大为 0.9968，迟滞性 6.669%，响应时间 0.028s，进行了 1 万次加载卸载和不同加载速率的循环测试，其 $\Delta R/R_0$ 基本保持稳定。

（2）PVDF 薄膜输出电压峰值随压强的增大而增大，最小检测阈值约为 95kPa，响应时间在 9.4ms 左右，PVDF 薄膜可有效识别振动，在振动测试中表现出与试件自由振动趋势相应的衰减波形，对敲击产生不同的振速薄膜也表现出不同的响应。

（3）双模式柔性传感器在手指 0°～90°弯曲和应变为 0～1720με 加载过程的复杂应变测试中表现出超高的柔性，压电信号与压阻信号响应时间相差约 24ms，在敏捷捕捉压阻和压电信号的同时传感器可同步输出两种信号，将两种信号结合分析可以反映手指运动和不同加载历程的变形信息：手指弯曲时应变增大，电阻变化率增大，电压也出现输出峰值，在弯曲角度增大的同时电阻和电压的输出都有所增大；加载过程测试中，压阻信号负责反映试样的最终变形，压电信号则反映变形过程的相关信息，如过程中的振动信息。在应变增大时电阻变化率增大，电压峰值信号为正值；应变减小时电阻变化率减小，电压峰值信号为负值。

参考文献

[1] Zhao Z，Qiujindong，Yugong，et al. A wearable sensor based on gold nanowires/textile and its integrated smart glove for motion monitoring and gesture expression [J]. Energy Technology：Generation，Conversion，Storage，Distribution，2021，9（7）：2100166.

[2] Lusheng B，Cheng H，Guolin L，et al. Flexible electronic skin for monitoring of grasping state during robotic manipulation [J]. Soft Robotics，2022.

[3] Zheng Y，Li Y，Dai K，et al. A highly stretchable and stable strain sensor based on hybrid carbon nanofillers/polydimethylsiloxane conductive composites for large human motions monitoring [J]. Composites Science and Technology，2018，156：276-286.

[4] Turdakyn N，Medeubayev A，ABAY I，et al. Preparation of a piezoelectric PVDF sensor via electrospinning [J]. Materials Today：Proceedings，2022，49：2478-2481.

[5] Maity K，Garain S，HENKEI K，et al. Self-powered human-health monitoring through aligned PVDF nanofibers interfaced skin-interactive piezoelectric sensor [J] . ACS Applied Polymer Materials，2020，2 (2)：862-878.

[6] Lin B，Giurgiutiu V. Modeling and testing of PZT and PVDF piezoelectric wafer active sensors [J] . Smart Materials and Structures，2006，15 (4)：1085.

[7] Tadaki D，Ma T，Yamamiya S，et al. Piezoelectric PVDF-based sensors with high pressure sensitivity induced by chemical modification of electrode surfaces [J] . Sensors and Actuators A：Physical，2020，316：112424.

[8] Rathod V T，Mahapatra D R，Jain A，et al. Characterization of a large-area PVDF thin film for electro-mechanical and ultrasonic sensing applications [J] . Sensors and Actuators A：Physical，2010，163 (1)：164-171.

[9] Rajala S，Lekkala J. PVDF and EMFi sensor materials—a comparative study [J] . Procedia Engineering，2010，5：862-865.

[10] Lu L，Ding W，Liu J，et al. Flexible PVDF based piezoelectric nanogenerators [J] . Nano Energy，2020，78：105251.

[11] Mahaapatra S D，Mohapatra P C，Aria A I，et al. Piezoelectric materials for energy harvesting and sensing applications：roadmap for future smart materials [J] . Advanced Science，2021，8 (17)：2100864.

[12] Chiu Y Y，Lin W Y，Wang H Y，et al. Development of a piezoelectric polyvinylidene fluoride (PVDF) polymer-based sensor patch for simultaneous heartbeat and respiration monitoring [J] . Sensors and Actuators A：Physical，2013，189：328-334.

[13] Wan X，Cong H，Jiang G，et al. A review on PVDF nanofibers in textiles for flexible piezoelectric sensors [J] . ACS Applied Nano Materials，2023，6 (3)：1522-1540.

[14] Dong W，Xiao L，Hu W，et al. Wearable human-machine interface based on PVDF piezoelectric sensor [J] . Transactions of the Institute of Measurement and Control，2017，39 (4)：398-403.

[15] Xin Y，Sun H，Tian H，et al. The use of polyvinylidene fluoride (PVDF) films as sensors for vibration measurement：a brief review [J] . Ferroelectrics，2016，502 (1)：28-42.

[16] Kimoto A，Sugitani N. A new sensing method based on PVDF film for material identification [J] . Measurement Science and Technology，2010，21 (7)：075202.

[17] Baumgartel K H，Zollner D，Krieger K L. Classification and simulation method for piezoelectric PVDF sensors [J] . Procedia Technology，2016，26：491-498.

[18] Sukumaran S，Chatbouri S，Rouxel D，et al. Recent advances in flexible PVDF based piezoelectric polymer devices for energy harvesting applications [J] . Journal of Intelligent Material Systems and Structures，2021，32 (7)：746-780.

[19] Wang X，Sun F，Yin G，et al. Tactile-sensing based on flexible PVDF nanofibers via electrospinning：a review [J] . Sensors，2018，18 (2)：330.

[20] Kim H，Torres F，Wu Y，et al. Integrated 3D printing and corona poling process of PVDF piezoelectric films for pressure sensor application [J] . Smart Materials and Structures，2017，26 (8)：085027.

[21] Haghiashtiani G，Greminger M A. Fabrication，polarization，and characterization of PVDF matrix composites for integrated structural load sensing [J] . Smart Materials and Structures，2015，24 (4)：045038.

[22] Wang D H，Huang S L. Health monitoring and diagnosis for flexible structures with PVDF piezoe-

lectric film sensor array [J]. Journal of Intelligent Material Systems and Structures, 2000, 11 (6): 482-491.

[23] Qi F X, Xu L, He Y, et al. PVDF-based flexible piezoelectric tactile sensors [J]. Crystal Research and Technology, 2023, 58 (10): 2300119.

[24] Chamanka N, Khajavi R, Yousefi A A, et al. A flexible piezoelectric pressure sensor based on PVDF nanocomposite fibers doped with PZT particles for energy harvesting applications [J]. Ceramics International, 2020, 46 (12): 19669-19681.

[25] Xiang F, Maximiano R, M. A J A, et al. Stretchable strain sensor facilely fabricated based on multi-wall carbon nanotube composites with excellent performance [J]. Journal of Materials Science, 2019, 54 (3): 2170-2180.

[26] Sanli A, Kanoun O. Electrical impedance analysis of carbon nanotube/epoxy nanocomposite-based piezoresistive strain sensors under uniaxial cyclic static tensile loading [J]. Journal of Composite Materials, 2020, 54 (6): 845-855.

[27] 赵东阳, 聂帮帮, 齐国臣, 等. 基于微结构的金属薄膜柔性应变传感器 [J]. 微纳电子技术, 2022, 59 (10): 1049-1057.

[28] Jieun, Lee, Meehyun, et al. Transparent, flexible strain sensor based on a solution-processed carbon nanotube network [J]. ACS Applied Materials & Interfaces, 2017, 9 (31): 26279-26285.

[29] Lee S, Reuveny A, Reeder J, et al. A transparent bending-insensitive pressure sensor [J]. Nature Nanotechnology, 2016, 11 (5): 472-478.

[30] Fu X, Dong J, Li L, et al. Fingerprint-inspired dual-mode pressure sensor for robotic static and dynamic perception [J]. Nano Energy, 2022, 103: 107788.

[31] Park J, Kang D, Chae H, et al. Frequency-selective acoustic and haptic smart skin for dual-mode dynamic/static human-machine interface [J]. Science Advances, 2022, 8 (12): eabj9220.

[32] Kong H, Song Z, Li W, et al. A self-protective piezoelectric-piezoresistive dual-mode device with superior dynamic-static mechanoresponse and energy harvesting performance enabled by flextensional transduction [J]. Nano Energy, 2022, 100: 107498.

[33] Gao F L, Min P, Gao X Z, et al. Integrated temperature and pressure dual-mode sensors based on elastic PDMS foams decorated with thermoelectric PEDOT: PSS and carbon nanotubes for human energy harvesting and electronic-skin [J]. Journal of Materials Chemistry A, 2022, 10 (35): 18256-18266.

[34] Wang S, Yi X, Zhang Y, et al. Dual-mode stretchable sensor array with integrated capacitive and mechanoluminescent sensor unit for static and dynamic strain mapping [J]. Chemosensors, 2023, 11 (5): 270.

[35] Qiu Y, Tian Y, Sun S, et al. Bioinspired, multifunctional dual-mode pressure sensors as electronic skin for decoding complex loading processes and human motions [J]. Nano Energy, 2020, 78: 105337.

[36] Xu M, Li X, Jin C, et al. Novel and dual-mode strain-detecting performance based on a layered NiO/ZnO p-n junction for flexible electronics [J]. Journal of Materials Chemistry C, 2020, 8 (4): 1466-1474.

[37] Zhang C, Ougany W, Zhang L, et al. A dual-mode fiber-shaped flexible capacitive strain sensor fabricated by direct ink writing technology for wearable and implantable health monitoring applications [J]. Microsystems & Nanoengineering, 2023, 9 (1): 158.

[38] Zhou H, Zhang J, Fang Y, et al. Aggregation-induced emission-based versatile 3D hierarchical por-

ous nanoprobe for electrochemiluminscence-fluorescence dual-mode detection of Cr（Ⅵ）[J]. Sensors and Actuators B: Chemical, 2023, 396: 134520.

[39] Chen X, Li R, Niu G, et al. Porous graphene foam composite-based dual-mode sensors for underwater temperature and subtle motion detection [J]. Chemical Engineering Journal, 2022, 444: 136631.

[40] Zhou Q, Ji B, Hu B, et al. Tilted magnetic micropillars enabled dual-mode sensor for tactile/touchless perceptions [J]. Nano Energy, 2020, 78: 105382.

[41] Gao Z, Chang L, Ren B, et al. Enhanced braille recognition based on piezoresistive and piezoelectric dual-mode tactile sensors [J]. Sensors and Actuators A: Physical, 2024: 115000.

[42] Yuan T, Yin R, Li C, et al. Fully inkjet-printed dual-mode sensor for simultaneous pressure and temperature sensing with high decoupling [J]. Chemical Engineering Journal, 2023, 473: 145475.

[43] Li T, Zou J, Xing F, et al. From dual-mode triboelectric nanogenerator to smart tactile sensor: a multiplexing design [J]. ACS Nano, 2017, 11 (4): 3950-3956.

第 6 章　微带贴片天线传感器的电磁仿真与应变监测性能分析

6.1　引言

本章首先介绍微带贴片天线的组成，重点阐述微带贴片天线的两种分析方法：传输线模型理论和谐振腔模型理论，这些分析方法是设计天线的理论基础。由于同轴探针馈电阻抗匹配简单，馈电点位置灵活，为设计满足天线各项电磁性能参数要求的天线传感器，首先设计馈电方式为同轴探针馈电的天线传感器。使用电磁场仿真软件 CST Studio Suite（以下简称 CST）对同轴探针馈电天线传感器进行分析，验证天线传感器的辐射贴片尺寸与天线传感器谐振频率之间的关系。分析两款线极化天线传感器与一款圆极化天线传感器，研究三款天线传感器的贴片尺寸与天线传感器谐振频率之间的关系，探究同轴探针馈电天线传感器应用于应变监测的可行性。

本章还通过 CST，初步对同轴探针馈电的天线传感器进行了应变监测的可行性计算分析，但是由于应变的实现并没有考虑泊松效应，电磁仿真软件无法模拟真实应变发生情况，所以进一步对天线传感器进行"力—磁"多物理场耦合仿真分析。COMSOL Multiphysics（COMSOL）是多物理场解决方案仿真软件，与电磁仿真软件 CST 相比，不仅是单纯的电磁场，COMSOL 能将固体力学和电磁学两种物理场进行真正的耦合计算。

为了得到传感器应变情况下输入阻抗的响应，测试天线传感器应用于金属材料如 1060AL 的应变传感效果，利用 COMSOL 软件进行"力—磁"多物理场仿真分析。首先在对软件中的结构力学的固体力学场进行应变加载，得到传感器的形变情况，将重构模型作为射频模块电磁场中的初始求解模型，进行形变后的电磁仿真分析。

6.2　微带贴片天线传感器理论基础

6.2.1　微带贴片天线传感器的组成

微带贴片天线主要有三个组成部件，分别是金属辐射贴片、介质板和接地板。金属辐射贴片的材料为导电材料，最常用到的材料是铜；金属辐射贴片的形状各种各样，常见的有矩形、圆形、椭圆形和三角形等。介质板的材料选择不仅要考虑贴片天线的制作要求，还要考虑微带贴片天线的电磁性能，因此挑选介质板的材料和厚度是微带贴片天线设计中十分重要的一步，选用介质板材料时应特别考虑到材料的电磁参数性能，如相对介电常数和损耗因子，合适的介质板材料能尽可能减少电磁波在传输过程中的延迟和损耗。从理论上讲接地板的尺寸应该为无穷大，实际应用中却无法实现，但是尺寸过小也不利于辐射场的产生。

6.2.2 "传输线模型"理论

微带贴片天线的分析方法主要有四种，传输线模型、积分方程法、谐振腔模型与有限元积分法，这些方法各有优缺点。以上四种分析方法中最直观、简单的分析方法是传输线模型（图 6-1），应用范围为矩形贴片天线，简单来讲是将矩形贴片天线与一段传输线等效。积分方程法中的求解积分方程有很大的难度和计算量。谐振腔模型的优点是，它在微带天线中的适用范围更广，且计算量较小。有限元积分法不被天线形状所限制，适用于各种天线。本书将介绍传输线模型和谐振腔模型两种分析方法。

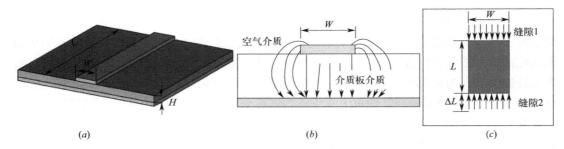

图 6-1　传输线模型电场图
（a）导电带；（b）电场辐射图；（c）边缘场效应

传输线模型是将天线的矩形辐射贴片看成一个长为 L、宽为 W 的导电带，由于辐射贴片周围的边缘效应，微带贴片天线的电场存在于介质板和空气两种介质中，考虑到双介质材料介电常数的不均匀性，所以用有效介电常数 ε_{eff} 这个概念。有效介电常数值的经验值可以通过介质板的介电常数 ε_r、辐射贴片的宽度 W 和介质板厚度 H 得出：

$$\varepsilon_{eff}=\frac{\varepsilon_r+1}{2}+\frac{\varepsilon_r-1}{2\sqrt{1+12\dfrac{H}{W}}} \tag{6-1}$$

将辐射贴片两边的边缘场看成长为 W、宽度为 ΔL、距离为 L 的两个空气缝隙组成的二元阵列。由于边缘场的存在，辐射贴片的有效电长度比几何长度 L 大一些，因此需要对有效电长度做长度补偿。矩形辐射元的有效长度为辐射元的几何长度 L 和补偿长度 ΔL 的和，式(6-2)给出了 ΔL 的经验公式：

$$\Delta L=0.412H\frac{(\varepsilon_{eff}+0.3)\left(\dfrac{W}{H}+0.264\right)}{(\varepsilon_{eff}-0.258)\left(\dfrac{W}{H}+0.8160\right)} \tag{6-2}$$

$$L_{eff}=\frac{\lambda}{2}=L+2\Delta L \tag{6-3}$$

式中　λ——介质板内的导波波长，λ 的计算方法见式(6-4)。

$$\lambda=\frac{c}{f\sqrt{\varepsilon_{eff}}} \tag{6-4}$$

则修正后的贴片天线的谐振频率见式(6-5)：

$$f=\frac{1}{2L_{\text{eff}}\sqrt{\varepsilon_{\text{eff}}}\sqrt{\mu_0\varepsilon_0}}=\frac{c}{2\sqrt{\varepsilon_{\text{eff}}}(L+2\Delta L)}\tag{6-5}$$

式中　c——真空状态下的光速；

　　　μ_0——磁导率；

　　　ε_0——介电常数。

6.2.3　微带贴片天线传感器的设计方法

　　微带贴片天线传感器的设计需要考虑的结构参数有辐射贴片长度 L、宽度 W 和介质板厚度 H，介质板材料的选取决定着介电常数，介电常数越大，介质材料对电荷的束缚能力就越强，材料的绝缘性能就越好，以上几个参数都能影响天线传感器的谐振频率。由于辐射贴片的厚度对于谐振频率的影响极其微小，厚度可忽略不计，辐射贴片选择压延铜。

　　根据所选介质板材料的介电常数 ε_r、介质板厚度 H 和天线谐振频率 f 计算辐射贴片的尺寸。由式(6-2) 可知，辐射贴片的长度由辐射贴片的宽度 W、介质板厚度 H 和有效介电常数 ε_{eff} 有关，若想确定辐射贴片的长度 L，需要先确定辐射贴片的宽度 W。辐射贴片的宽度 W 根据以下公式求得：

$$W=\frac{c}{2f}\left(\frac{\varepsilon_r+1}{2}\right)^{-\frac{1}{2}}\tag{6-6}$$

　　矩形微带贴片天线传感器的辐射贴片的长度在理论上为波长的一半 $\lambda/2$，实际情况中由于边缘效应，由式(6-3) 可知，辐射贴片的几何尺寸比电学尺寸小，故谐振频率为 f 时，辐射贴片的长度为：

$$L=\frac{\lambda}{2}-2\Delta L=\frac{c}{2f\sqrt{\varepsilon_{\text{eff}}}}-2\times0.412H\frac{(\varepsilon_{\text{eff}}+0.3)\left(\frac{W}{H}+0.264\right)}{(\varepsilon_{\text{eff}}-0.258)\left(\frac{W}{H}+0.813\right)}\tag{6-7}$$

式中　c——真空状态下的光速；

　　　W——辐射贴片的宽度；

　　　H——介质板厚度；

　　　f——天线谐振频率；

　　　ε_{eff}——有效介电常数。

6.2.4　"谐振腔模型"理论

　　图 6-2 展示了微带贴片天线的电荷分布和电流密度。当微带天线受到激励时，电荷主要分布在接地板上表面和辐射贴片两个表面，电荷受到"同性相斥、异性相吸"的规律影响，最终达到电荷分布的动态稳定。由于贴片天线传感器介质板的厚度 H 很小，所以大部分的感应电流都聚集在辐射贴片的下表面。微带贴片天线被看作一个四周侧面为磁壁，上下为电壁，中间填充的是介电常数为 ε_r 的介质材料。

　　忽略电磁场的边缘效应，在谐振腔中，假设电场垂直于辐射贴片；只考虑 TM 模式的场分布；由于介质板的厚度很小，远远小于在介质板中的波长，所以沿着 z 轴的电场假设不变；假设辐射贴片边缘的法向量电流分量为零，所以介质板边缘只存在法向磁向量，磁场切向分量为零；假设谐振腔上下表面为理想导面，只存在电场分量法向量，切向分量是零。建立如图 6-3 所示的平面直角坐标系。

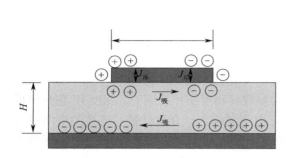

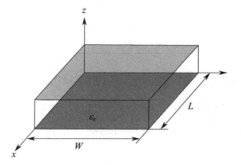

图 6-2　微带贴片天线电荷分布和电流密度　　图 6-3　微带贴片天线腔体模型示意图

A_Z 用于描述谐振腔的电磁场分布，A_Z 满足式（6-8）的波动方程：

$$A_Z = [A_1\cos(k_x x) + B_1\sin(k_x x)][A_2\cos(k_y y) + B_2\sin(k_y y)][A_3\cos(k_z z) + B_3\sin(k_z z)]$$

$$\nabla^2 A_Z + k^2 A_Z = 0 \tag{6-8}$$

$$k^2 = \mu\omega^2\varepsilon$$

式中　　　　　　　　　　μ——磁导率，ω 为角频率，ε 为介电常数；

k_x、k_y、k_z——各个方向的波长数，数值是由边界条件决定的；

A_1、B_1、A_2、B_2、A_3、B_3——系数。

矢量电位 A_Z 腔体内的电磁场分量 E_i 和 H_i 为：

$$E_x = -j\frac{1}{\mu\omega\varepsilon}\frac{\partial^2 A_Z}{\partial z\partial x}, E_y = -j\frac{1}{\mu\omega\varepsilon}\frac{\partial^2 A_Z}{\partial z\partial y}, E_z = -j\frac{1}{\mu\omega\varepsilon}\left(k^2 + \frac{\partial^2}{\partial z^2}\right) \tag{6-9}$$

$$H_x = -\frac{1}{\mu}\frac{\partial A_Z}{\partial y}, H_y = \frac{1}{\mu}\frac{\partial A_Z}{\partial x}, H_z = 0 \tag{6-10}$$

电磁场的边界条件满足以下方程：

$$\begin{cases} E_y(0 \leqslant x \leqslant L, 0 \leqslant y \leqslant W, z=0) = E_y(0 \leqslant x \leqslant L, 0 \leqslant y \leqslant W, z=H) = 0 \\ H_x(0 \leqslant x \leqslant L, y=0, 0 \leqslant z \leqslant H) = H_x(0 \leqslant x \leqslant L, y=W, 0 \leqslant z \leqslant H) = 0 \\ H_y(x=0, 0 \leqslant y \leqslant W, 0 \leqslant z \leqslant H) = H_y(x=L, 0 \leqslant y \leqslant W, 0 \leqslant z \leqslant H) = 0 \end{cases} \tag{6-11}$$

把边界条件带入式（6-8）~式（6-10）中，得到 $B_1 = B_2 = B_3 = 0$。

$$k_x = \frac{m\pi}{L}, k_y = \frac{n\pi}{W}, k_z = \frac{p\pi}{H} \tag{6-12}$$

式中　m、n、p——任意自然数，它们表示电磁场在不同方向上的半周期数；

k_x、k_y、k_z——不同方向的波数，并且满足以下方程：

$$k_x^2 + k_y^2 + k_z^2 = \left(\frac{m\pi}{L}\right)^2 + \left(\frac{n\pi}{W}\right)^2 + \left(\frac{p\pi}{H}\right)^2 = k_r^2 = \omega_r^2\mu\varepsilon \tag{6-13}$$

谐振频率解析解为：

$$f = \frac{1}{2\pi\sqrt{\mu\varepsilon}}\sqrt{\left(\frac{m\pi}{L}\right)^2 + \left(\frac{n\pi}{W}\right)^2 + \left(\frac{p\pi}{H}\right)^2} \tag{6-14}$$

将 k_i 和 B_i 的值代入式（6-8）中的一般表达式中，得到矢量电位的最终表达式为：

$$A_{\mathrm{Z}} = A_1 A_2 A_3 \cos(k_y x)\cos(k_y y)\cos(k_z z) \tag{6-15}$$

将矢量电位代入，腔体内电场分量和磁场分量中，得到腔体内电磁场解析解：

$$\begin{cases} E_x = -j\,\dfrac{k_x k_z}{\mu\omega\varepsilon} A_1 A_2 A_3 \sin(k_x x)\cos(k_y y)\sin(k_z z) \\[2mm] E_y = -j\,\dfrac{k_y k_z}{\mu\omega\varepsilon} A_1 A_2 A_3 \cos(k_x x)\sin(k_y y)\sin(k_z z) \\[2mm] E_z = -j\,\dfrac{k^2 - k_z^2}{\mu\omega\varepsilon} A_1 A_2 A_3 \cos(k_x x)\cos(k_y y)\cos(k_z z) \end{cases} \tag{6-16}$$

$$\begin{cases} H_x = \dfrac{k_y}{\mu} A_1 A_2 A_3 \cos(k_x x)\sin(k_y y)\sin(k_z z) \\[2mm] H_y = -\dfrac{k_x}{\mu} A_1 A_2 A_3 \sin(k_x x)\cos(k_y y)\cos(k_z z) \\[2mm] H_z = 0 \end{cases} \tag{6-17}$$

接下来对 TM_{100} 和 TM_{010} 两种辐射模式下的电场、磁场和电流分布规律进行介绍。当天线的辐射模式为 TM_{100} 模式时，x 方向的波数为 $k_x = \pi$，$k_y = k_z = 0$，代入电磁场解析解中，得到此模式下的电磁场分布函数：

$$\begin{cases} E_x = E_y = 0 \\[2mm] E_z = -j\,\dfrac{k^2}{\mu\omega\varepsilon} A_1 A_2 A_3 \cos\left(\dfrac{\pi x}{L}\right) = E_{100}\cos\left(\dfrac{\pi x}{L}\right) \end{cases} \tag{6-18}$$

$$\begin{cases} H_x = H_z = 0 \\[2mm] H_y = -\dfrac{k_x}{\mu} A_1 A_2 A_3 \sin\left(\dfrac{\pi x}{L}\right) = H_{100}\sin\left(\dfrac{\pi x}{L}\right) \end{cases} \tag{6-19}$$

式中　E_{100}、H_{100}——TM_{100} 模式下的电场和磁场的峰值。

同样，对 TM_{010} 辐射模式下的电场、磁场和电流分布规律进行介绍。当天线的辐射模式为 TM_{010} 模式时，y 方向的波数为 $k_y = \pi$，$k_x = k_z = 0$，代入电磁场解析解中，得到此模式下的电磁场分布函数：

$$\begin{cases} E_x = E_y = 0 \\[2mm] E_z = -j\,\dfrac{k^2 - k_z^2}{\mu\omega\varepsilon} A_1 A_2 A_3 \cos\left(\dfrac{\pi y}{W}\right) = E_{010}\cos\left(\dfrac{\pi y}{W}\right) \end{cases} \tag{6-20}$$

$$\begin{cases} H_x = -\dfrac{k_x}{\mu} A_1 A_2 A_3 \sin\left(\dfrac{\pi y}{W}\right) = H_{010}\sin\left(\dfrac{\pi y}{W}\right) \\[2mm] H_y = H_z = 0 \end{cases} \tag{6-21}$$

式中　E_{010}、H_{010}——TM_{010} 模式下的电场和磁场的峰值。

通过分析 TM_{100} 模式和 TM_{010} 模式下的电场，得到两个模式下的电场分布图，如图 6-4 所示。两个模式下，只在 y 轴方向存在电力线，即电力线垂直产生在接地板和辐射贴片之间，其他方向没有电场分量。两个模式明显的区别在于余弦图像的电场强度分布的方向不同。TM_{100} 模式下的电场强度在宽度方向保持不变，沿着长度方向呈余弦分布，相反，TM_{010} 模式下的电场强度在长度方向保持不变，沿着宽度方向呈余弦分布。

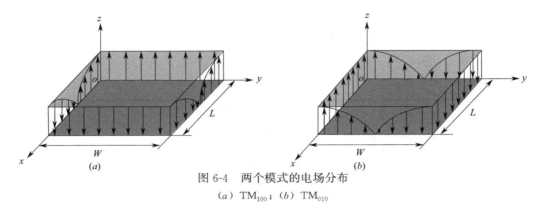

图 6-4　两个模式的电场分布

(a) TM_{100}；(b) TM_{010}

通过分析 TM_{100} 模式和 TM_{010} 模式下的磁场，得到两个模式下的磁场分布图，如图 6-5 所示。

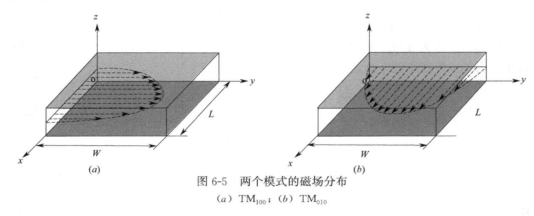

图 6-5　两个模式的磁场分布

(a) TM_{100}；(b) TM_{010}

从图 6-5 可以看出，两个模式下，只在 xoy 平面内存在磁场分量，两个模式明显的区别在于磁场分量的方向不同。TM_{100} 模式下只在 y 轴方向存在磁场分量，磁场强度沿着辐射贴片长度方向在 1/2 周期内呈正弦函数规律分布，相反，TM_{100} 模式下只在 x 轴方向存在磁场分量，磁场强度沿着辐射贴片宽度方向在 1/2 周期内呈正弦函数规律分布。

电流只在辐射贴片和接地板表面分布，电流密度大小是由微带贴片天线谐振腔内的电磁场的分布决定的，由两个模式下的磁场分布函数可得到，TM_{100} 只在 x 方向存在电流，TM_{010} 只在 y 方向存在电流，电流大小是：

$$\begin{cases} J_x = J_{100} \sin \dfrac{\pi x}{L} \\[2mm] J_y = J_{010} \cos \dfrac{\pi y}{W} \end{cases} \tag{6-22}$$

式中　J_{100}、J_{010}——TM_{100} 和 TM_{010} 的电流密度峰值。

图 6-6 为微带贴片天线在两种辐射模式下的电流密度情况，实线箭头表达的是电流方向，辐射贴片和接地板的电流方向相反。电流密度由虚线箭头表示，可以看出，两个模式的电流密度分布均呈现出中间大、两边小的分布规律。当天线的辐射模式为 TM_{100} 模式时，电流密度沿着长度方向呈现 1/2 波长的正弦分布规律，并且在辐射贴片长度中间点处

达到峰值。当天线的辐射模式为 TM_{010} 模式时，电流密度沿着宽度方向呈现 1/2 波长的正弦分布规律，并在辐射贴片宽度中间点处达到峰值。

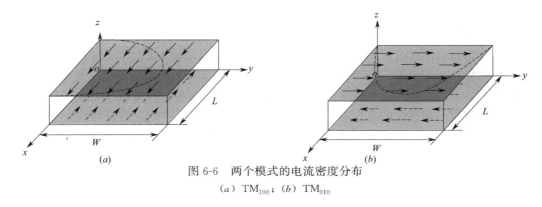

图 6-6　两个模式的电流密度分布

(a) TM_{100}；(b) TM_{010}

6.3　同轴探针馈电的线极化四槽形贴片天线传感器

6.3.1　天线传感器的初步设计

　　ISM 频段（Industrial Scientific Medical）是各个国家挪出来，主要开放给工业、科学和医学机构使用的某一段频段。根据无线通信标准，蓝牙、无线局域网和 ZigBee 等无线网络都可在 2.45GHz 频段上稳定工作，此频段是各国共同的 ISM 频段。实验室的矢量网络分析仪的测量范围是 10MHz～26.5GHz，能满足上述频段的测量要求，所以天线传感器的监测频段选择在 2.45GHz 频段上。

　　由于介电常数表征的是介质材料对电磁场的束缚程度，一般情况下，介电常数越大，介质材料对电荷的束缚能力就越强，材料的绝缘性能就越好。罗杰斯 5880 适合作为天线传感器板材，考虑到天线传感器需和金属材料共形，介质板材料不宜过厚，所以最终选用厚度为 0.787mm 的 RT/duroid5880，它是一种玻璃纤维增强树脂复合材料，玻璃纤维具有的随机朝向性能够保证板材的介电常数在很宽的频率范围内为一常数，同时罗杰斯 5880 具有易于裁切加工成型的优点，板材的性能参数见表 6-1。

RT/duroid5880 高频层压板参数性能　　　　　　　　　　表 6-1

介电常数 （N/A）	损耗因子 （N/A）	拉伸模量 （MPa）	极限应变 （%）	密度 （g/cm³）	覆铜类型	铜箔剥离强度 （N/mm）	泊松比
2.2±0.002	0.0004	1070	6.0	2.2	电解铜	0.1	0.3

　　本书主要着眼优化的天线传感器性能参数是反射系数 S_{11}。S 参数，即散射参数（Scattering Parameter），当给天线激励信号后，信号的一部分顺利传输，这部分用传输系数 S_{21} 表示，而剩余的一部分信号被反射回去，反射回去的程度用反射系数 S_{11} 表示。由于 S 参数数值在 0～1 之间，为了更方便地表示，一般 S 参数作 dB 换算，换算方法是 S_{11}（dB）$=20\lg(S_{11})$，这种方法能更加显著地表示很大或者很小的数值，在天线优化中，一般要求谐振频率处的反射系数 S_{11} 低于 -10dB，这代表反射波功率低于 10%。

根据"传输线模型"理论，通过式(6-1)～式(6-7)，估算出微带贴片天线的辐射贴片长宽在 40mm 附近，以 40mm 作为辐射贴片初始尺寸，进行传感器辐射贴片的尺寸数据优化。辐射贴片的优化主要涉及四个槽的尺寸和位置参数，由于四个槽是互相对称的关系，故优化过程涉及槽的长度 L_s、槽的宽度 W_s 和槽的位置 p 三个参数，优化的目标是保证天线传感器仍然具有优异的天线性能，如天线传感器的输入阻抗和同轴探针的特性阻抗有良好匹配；天线传感器的谐振频率处在目标频段；天线传感器谐振频率处的反射系数 S_{11} 低于 $-10dB$。如果天线传感器不满足天线性能的优化目标，需要利用电磁仿真软件的参数化扫描功能，对优化的三个参数 L_s、W_s 和 p 设置变量序列、构造目标函数进行参数化扫描优化，选择天线能最优的 L_s、W_s 和 p，最终的 L_s、W_s 和 p 分别为 2.5mm、1.5mm 和 10mm。

6.3.2 天线传感器的几何模型

通过对四个槽的长宽尺寸以及位置的优化，最终得到了辐射贴片为 40mm，四个槽为 2.5mm，宽为 1.5mm 的辐射贴片，尺寸如图 6-7 所示。

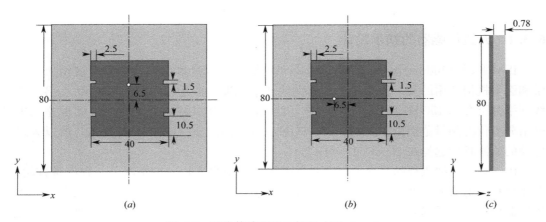

图 6-7 天线传感器的几何尺寸图（mm）
（a）传感器 D 俯视图；（b）传感器 G 俯视图；（c）侧视图

根据两款基于线极化天线原理传感器的谐振频率的不同，将谐振频率发生在低频的天线传感器称为传感器 D，将谐振频率发生在高频的天线传感器称为传感器 G。

首先绘制天线传感器的辐射贴片、介质板和接地板。馈电部件用同轴探针，同轴探针从接地板穿过介质层与辐射贴片相连接，最终天线传感器的几何模型如图 6-8 所示。

6.3.3 设置天线传感器模型的材料属性、激励、边界等

电磁仿真软件 CST 材料库中自带所需材料。中间层介质板加载 Rogers 5880 材料，辐射层和接地板加载 copper 的材料，同轴电缆的芯线部分加载 PEC 材料、同轴电缆的外导体部分加载 Teflon（PTFE）。

施加端口激励。同轴探针 SMA 连接件的表面设置为波导端口，波导端口的参考阻抗设置成波导端面的特性阻抗，特性阻抗值为 50Ω。同轴电缆外导体的内径和同轴电缆的芯线外径的尺寸由以下公式得出：

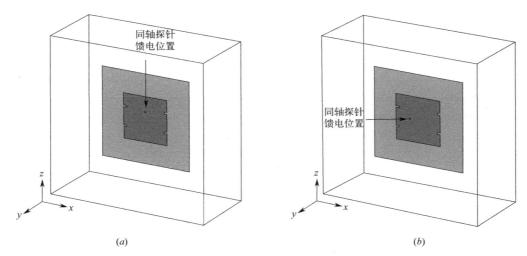

图 6-8　传感器在 CST 软件中的模型图

(*a*) 传感器 D；(*b*) 传感器 G

$$Z_0 = \frac{60}{\sqrt{\varepsilon_r}} \times \ln \frac{b}{a} \tag{6-23}$$

式中　Z_0——特性阻抗的值 50Ω；

ε_r——同轴电缆外导体材料的介电常数，使用 Teflon（PTFE）的介电常数 2.1；

a——同轴电缆的芯线外径，为 0.5mm；

b——同轴电缆的外导体内径，根据公式算出为 1.7mm。

应用边界条件。使用默认的 CST 软件自带的矩形空气域，与多物理场仿真软件 COMSOL 中完美匹配层作用一样，都是将无限的空气域求解限制在有限的空气域中。

求解设置。将求解器中的频率范围设置为 2.32GHz～2.52GHz，求解天线传感器的反射系数 S_{11} 结果，求解点数设置为 401 点，即求解步长是 0.5MHz。

6.3.4　电磁仿真软件中天线传感器的反射系数响应

由于电磁仿真软件 CST 无法模拟实际应变发生情况，且不能考虑泊松效应，所以在电磁仿真阶段，通过手动设置辐射贴片的尺寸大小来简单仿真天线传感器在不同的应变等级下作出的反射系数 S_{11} 响应。以加载 x 方向应变为例，天线传感器的其他尺寸不变，仅将辐射贴片 x 方向增加范围设置为 0～0.1mm，步长为 0.02mm 的参数化扫描，对应应变的范围为 0～2500$\mu\varepsilon$，步长为 500$\mu\varepsilon$ 的参数化扫描。y 方向的应变设置同理。

图 6-9 展示了传感器 D 在受到不同应变下的反射系数 S_{11} 响应情况，在监测频率范围内，图中只出现了一个极小值，零应变下极小值对应的谐振频率为 f_{10}，f_{10} 约为 2.41GHz。同样，图 6-10 展示了传感器 G 在受到不同应变下的反射系数 S_{11} 响应情况，在频率范围内，图中也是只出现了一个极小值，零应变下极小值对应的谐振频率为 f_{01}，f_{01} 约为 2.61GHz。两个线极化传感器都是单波，分别在低频 2.41GHz 和高频 2.61GHz 发生谐振，分别激发了 TM_{10} 和 TM_{01} 两种模式。由于本书中使用基于天线理论的传感器介质板很薄，z 方向忽略不计，自此用 TM_{10} 和 TM_{01} 分别代表 TM_{100} 和 TM_{010}。

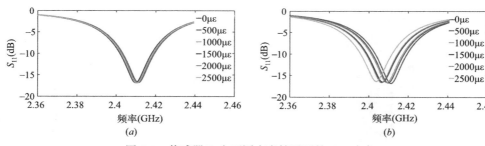

图 6-9　传感器 D 在不同应变情况下的 S_{11} 响应

(a) x 方向；(b) y 方向

图 6-9(a) 为传感器 D 在受到 x 方向应变下的反射系数 S_{11} 响应，在 x 方向发生应变时，反射系数 S_{11} 曲线基本不变，图 6-9(b) 为传感器 D 在受到 y 方向应变下的 S_{11} 响应，反射系数 S_{11} 曲线的谐振频率逐渐左移，即随着 y 方向的应变增大，谐振频率逐渐减小。

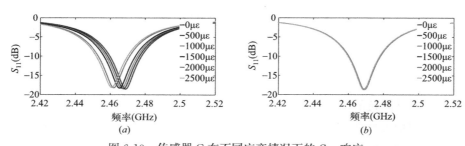

图 6-10　传感器 G 在不同应变情况下的 S_{11} 响应

(a) x 方向；(b) y 方向

图 6-10(a) 为传感器 G 在受到 x 方向应变下的反射系数 S_{11} 响应，在 x 方向发生应变时，反射系数 S_{11} 曲线的谐振频率逐渐左移，即随着 x 方向的应变增大，谐振频率逐渐减小。在 y 方向发生应变时，反射系数 S_{11} 曲线基本不变，如图 6-10(b) 所示。

传感器 D 在不同应变方向情况下出现了不同的反射系数 S_{11} 曲线响应，分别提取 x 方向和 y 方向不同应变等级下的谐振频率 f_{10}，进行谐振频率与应变之间的拟合。由于应变常用单位为微应变 $\mu\varepsilon$，所以将谐振频率的值用同数量级单位 ppm 表示，并进行标准化处理，标准化处理公式为：

$$f_{\mathrm{n}} = \frac{f_{10,\varepsilon} - f_{10,0}}{f_{10,0}} \times 10^6 \,(\mathrm{ppm}) \tag{6-24}$$

式中　$f_{10,\varepsilon}$——应变情况下的谐振频率；

　　　$f_{10,0}$——零应变情况下的谐振频率（GHz）。

当传感器 D 在 x 方向产生应变时，标准化谐振频率与应变之间的拟合关系为 $f_{\mathrm{n}} = -0.2\varepsilon - 168$，拟合优度 R^2 为 0.3857，如图 6-11(a) 所示，说明 x 方向上的标准化频率和应变之间的线性关系比较差。当传感器 D 在 y 方向产生应变时，标准化谐振频率与应变之间的拟合关系式为 $f_{\mathrm{n}} = -1.2\varepsilon$，拟合优度 R^2 为 0.9397，如图 6-11(b) 所示，说明 y 方向上的标准化谐振频率和应变之间的线性关系成立，拟合直线的斜率代表的是传感器 D 在 y 方向的灵敏度，灵敏度为 $-1.2\mathrm{ppm}/\mu\varepsilon$，灵敏度的意义为当传感器 D 受到 y 方向的应变每增加 $1\mu\varepsilon$ 时，谐振频率会产生左移 1.2ppm 的响应，这与图 6-9(b) 的情况吻合。

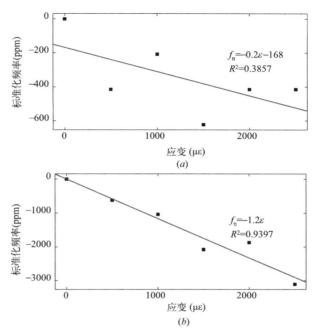

图 6-11　传感器 D 天线传感器标准化谐振频率与应变拟合曲线

（a）x 方向；（b）y 方向

　　传感器 G 在不同方向应变情况下出现了不同的反射系数 S_{11} 曲线响应，分别提取 x 方向和 y 方向不同应变等级下的谐振频率 f_{01}，进行谐振频率与应变之间的拟合。同传感器 D，将谐振频率的值用同数量级单位 ppm 表示，并进行标准化处理。

　　传感器 G 在 x 方向应变情况下，标准化谐振频率与应变之间的拟合关系式为 $f_{n} = -1.3\varepsilon + 241$，拟合优度 R^2 为 0.9429，如图 6-12（a）所示，说明 x 方向上的标准化谐振频率和应变之间的线性关系成立。拟合直线的斜率就是传感器 G 在 x 方向的灵敏度，灵敏度为 $-1.3\mathrm{ppm}/\mu\varepsilon$，灵敏度的意义为当传感器 G 受到 x 方向的应变每增加 $1\mu\varepsilon$ 时，谐振频率会产生左移 1.3ppm 的响应，这与图 6-10（a）的情况一致。传感器 G 在 y 方向应变情况下，标准化谐振频率与应变之间的拟合关系为 $f_{n} = -0.2\varepsilon - 116$，拟合优度 R^2 为 0.1238，如图 6-12（b）所示，说明 y 方向上的标准化谐振频率和应变之间的线性关系比较差，线性关系不成立。

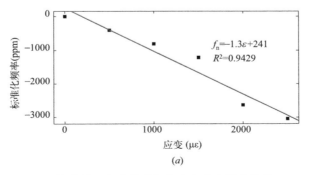

图 6-12　传感器 G 标准化谐振频率与应变拟合曲线（一）

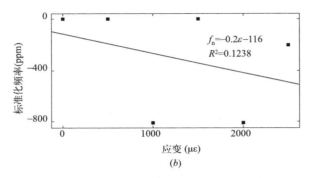

图 6-12　传感器 G 标准化谐振频率与应变拟合曲线（二）
(*a*) *x* 方向；(*b*) *y* 方向

6.4　同轴探针馈电的圆极化四槽形贴片天线传感器

第 6.3 节介绍的两款基于线极化天线原理的传感器能分别感知 *x* 方向和 *y* 方向的应变，本节的圆极化天线传感器具备双向应变感知功能，圆极化天线传感器的尺寸图和模型图如图 6-13 和图 6-14 所示。

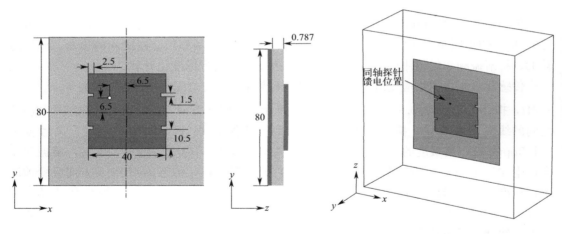

图 6-13　圆极化天线尺寸图（mm）　　　　图 6-14　圆极化天线模型图

图 6-15 和图 6-16 分别展示了圆极化天线在受到 *x* 方向应变和 *y* 方向应变情况下的反射系数 S_{11} 响应。与图 6-9 和图 6-10 中基于线极化天线原理的传感器出现的响应不同，基于圆极化天线原理的传感器的反射系数 S_{11} 曲线出现了双模，一个圆极化天线传感器同时激发了谐振频率在高频和低频的模。零应变情况下，圆极化天线传感器同时在低频 2.41GHz 和高频 2.461GHz 发生谐振，同时激发了 TM_{10} 和 TM_{10} 两种模式。

提取圆极化天线在不同方向应变情况下的反射系数 S_{11}，图 6-15 展示了在 *x* 方向应变情况下，随着 *x* 方向应变逐渐增加，反射系数 S_{11} 高频极小值对应的谐振频率向左偏移，而低频极小值对应的谐振频率基本不变，反射系数 S_{11} 极大值变化明显且具有规律，

随着 x 方向的应变增加，反射系数 S_{11} 极大值向下移动。图 6-16 展示了在 y 方向应变情况下，随着 y 方向应变逐渐增加，反射系数 S_{11} 高频极小值对应的谐振频率基本不变，反射系数 S_{11} 低频极小值对应的谐振频率向左偏移，反射系数 S_{11} 极大值变化明显且具有规律，随着 y 方向的应变增加，反射系数 S_{11} 极大值向上移动。

　　圆极化天线传感器在不同方向应变情况下出现了不同的 S_{11} 曲线响应情况，分别提取 x 方向和 y 方向不同应变下的谐振频率，进行谐振频率与应变之间的拟合。与基于线极化天线原理的传感器一样，将谐振频率的值用同数量级单位 ppm 表示，并进行标准化处理。

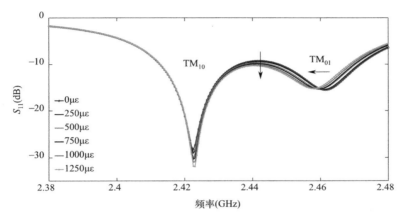

图 6-15　圆极化天线传感器在 x 方向不同应变情况下的 S_{11} 响应

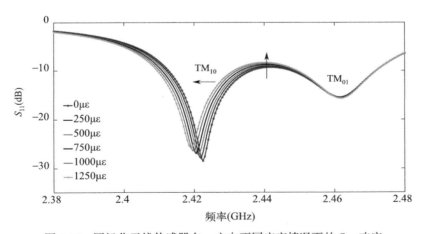

图 6-16　圆极化天线传感器在 y 方向不同应变情况下的 S_{11} 响应

　　圆极化天线传感器在 x 方向应变情况下，不同的应变等级下会产生不同的反射系数 S_{11} 响应。提取 x 应变下双模谐振频率 f_{10} 和 f_{01} 的值，进行谐振频率—应变之间的线性拟合。如图 6-17(a) 所示，圆极化天线传感器在 x 方向应变情况下，TM_{10} 模对应的标准化谐振频率与应变的拟合关系式为 $f_{\mathrm{n}}=0.1\varepsilon-39$，拟合优度 R^2 为 0.4286，说明 x 方向上 TM_{10} 模的标准化谐振频率和应变之间的线性度比较差，线性关系并不成立。如图 6-17(b) 所示，当圆极化天线传感器受到 x 方向应变时，TM_{01} 模对应标准化谐振频率与应变的拟合关系式为 $f_{\mathrm{n}}=-1.2\varepsilon-29$，拟合优度 R^2 为 0.9909，说明 x 方向上 TM_{01} 模的标准化谐振频率和应变之间的线性关系成立，拟合方程的斜率代表的是天线传感器的灵敏度，灵敏度是$-1.2\text{ppm}/\mu\varepsilon$，即当 x 方向应变增加 $1\mu\varepsilon$ 时，标准化谐振频率减小 1.2ppm。这与图 6-15 情况一致。

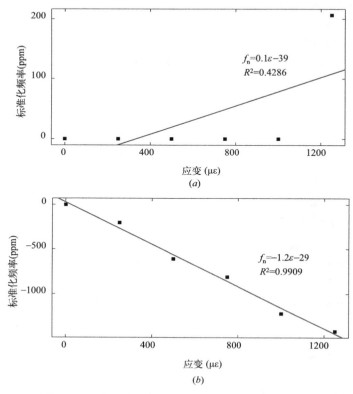

图 6-17　x 方向应变标准化谐振频率与应变拟合曲线

(a) 圆极化 f_{10}；(b) 圆极化 f_{01}

　　圆极化天线传感器在 y 方向应变情况下，不同应变等级下会产生不同的反射系数 S_{11} 响应。提取 y 应变下双模谐振频率 f_{10} 和 f_{01} 的值，进行谐振频率—应变之间的拟合。如图 6-18(a) 所示，圆极化天线传感器在 y 方向应变情况下，TM_{10} 模对应的标准化谐振频率与应变的拟合关系式为 $f_n=-1.1\varepsilon-20$，拟合优度 R^2 为 0.9874，说明 y 方向上 TM_{10} 模的标准化谐振频率和应变之间的线性关系成立，拟合方程的斜率代表的是天线传感器的灵敏度，灵敏度为 $-1.1\text{ppm}/\mu\varepsilon$，即当 y 方向应变增加 $1\mu\varepsilon$ 时，标准化谐振频率减少 1.1ppm。如图 6-18(b) 所示，圆极化天线传感器在 y 方向应变情况下，TM_{01} 模对应标准化谐振频率与应变的拟合关系式为 $f_n=-0.1\varepsilon-39$，拟合优度 R^2 为 0.4286，说明 y 方向上 TM_{01} 模的标准化谐振频率和应变之间的线性关系不成立。这与图 6-16 情况一致。

　　基于天线原理传感器的等效电路图如图 6-19 所示，其中 Z_{in} 代表的是总输入阻抗，L_f 代表的是馈电电感，L_{10}、C_{10} 和 R_{10} 分别代表的是 TM_{10} 辐射模式的电感、电容和电阻，三者并联表示 TM_{10} 辐射模式，同样，L_{10}、C_{10} 和 R_{10} 分别代表的是 TM_{01} 辐射模式电感、电容和电阻，三者并联表示 TM_{01} 辐射模式。

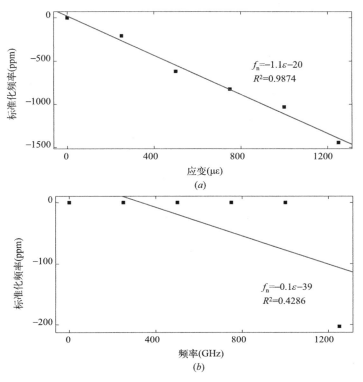

图 6-18　y 方向应变标准化谐振频率与应变拟合曲线

（a）圆极化 f_{10}；（b）圆极化 f_{01}

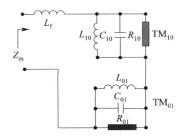

图 6-19　基于天线原理传感器的等效电路图

6.5　圆极化天线传感器的输入阻抗匹配设计

由于同轴探针馈电的天线传感器连接射频连接线时须连接在天线底部，与传感器需要粘贴在金属材料表面相冲突，故将天线传感器的馈电方式由同轴探针馈电改为微带线馈电，微带线馈电方式的优点是馈电元件和辐射元件一体化，不会破坏介质板材料的均匀性，有益于天线传感器和金属材料共形。馈电网络与辐射贴片自成一体，易于加工成型，加工过程得到简化。使用 1/4 波长阻抗转换器用于 50Ω 和辐射贴片边缘阻抗的匹配，1/4波长转换器的特性阻抗可以根据下式求得：

$$Z_1 = \sqrt{Z_0 Z_L} \tag{6-25}$$

其中，Z_L 为同轴探针馈电天线传感器辐射贴片边缘的阻抗，根据 CST 软件计算得知 Z_L 为 218.375Ω；Z_0 为微带线的特性阻抗，特性阻抗为 50Ω；Z_1 为 1/4 波长阻抗匹配器的阻抗，根据公式(6-25) 计算得到为 104.49Ω。

用所求的 1/4 阻抗匹配器的阻抗值 Z_1，在 Txline 软件中计算得到 1/4 波长阻抗匹配器的长度和宽度。同样，特性阻抗为 50Ω 微带线的宽度也通过 Txline 软件求得，长度灵活取值。由于后期用来实验测试天线传感器电磁信息的仪器 PNA 连接传感器时的位置受限，所以将天线传感器微带线处做折叠设计，考虑到 104.49Ω 微带线细小，微带线折叠更容易受损，折叠位置选在 50Ω 微带线处。天线传感器的尺寸如图 6-20 所示，微带线和 1/4 波长阻抗匹配线的尺寸在图 6-20 俯视图中标出。

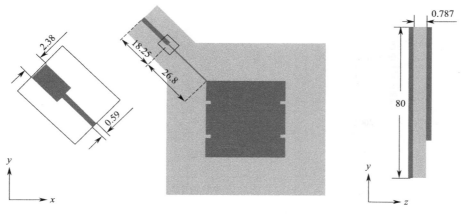

图 6-20　微带馈电天线传感器俯视图和侧视图（mm）

6.6　天线传感器"力—磁"耦合仿真流程

"力—磁"多物理场仿真流程如图 6-21 所示，主要包含传感器的几何建模、动网格设置、仿真前处理、力学变形（网格重构）、电磁信息计算和仿真后处理（即对计算结果进行后处理，并对数据进行导出保存）。其中每次设置不同等级的应变后都要进行电磁学计算，直至所有的应变等级情况下的电磁学信息计算完成。

6.6.1　几何建模和网格设置

根据之前在电磁仿真软件中得到的天线传感器模型尺寸，在 COMSOL 中进行同尺寸建模，几何模型如图 6-22 所示，建模完成后为天线传感器各个部分赋予相应的材料和材料属性。将建好的天线传感器模型添加物理场变形网格，

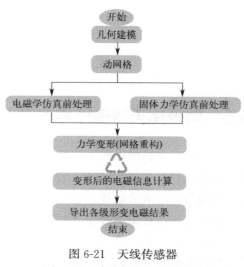

图 6-21　天线传感器
"力—磁"建模耦合仿真流程图

并进行网格剖分，变形网格能实现由所有物理场引起的用网格表征的几何变化。天线传感器的网格设置为动网格，对动网格设置指定网格位移 u、v、w。

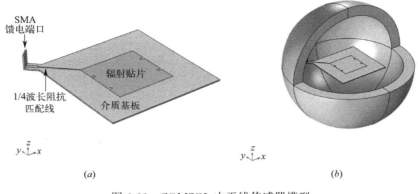

图 6-22　COMSOL 中天线传感器模型
（a）传感器几何模型；（b）完美匹配层和传感器

6.6.2　电磁学仿真前处理

对建好的天线传感器模型进行电磁学仿真前处理。因涉及电磁学的计算，需要模拟一个带有开放边界的域，故设置一个完美匹配层，完美匹配层处在传感器外部，如图 6-22（b）所示，传感器和完美匹配层之间为空气介质层，完美匹配层充当一个近乎理想的吸收体或辐射体域，将无限求解空气域限制在有限域内，它能模拟电磁波在无限大的自由空间域的耗散，使得电磁波以最小的反射通过空气域；将天线传感器的各个部位添加材料电磁学属性；在 COMSOL 射频模块中，需要指定激励端口，对其施加激励；进行理想电导体设置；在频域求解器中进行扫频设置，设置扫频范围和扫频步长等。

6.6.3　固体力学仿真前处理

对天线传感器模型计算前，需要设置传感器受到的应变的大小和方向，由于需要计算多组应变等级，需要用到参数化扫描功能，定义参数的大小和单位。为了了解传感器在受到拉或压不同应变等级下的响应，将 x 方向的应变范围设置为 $-1250 \sim 1250\mu\varepsilon$，步长为 $250\mu\varepsilon$，共 11 组应变等级，y 方向同样也是 $-1250 \sim 1250\mu\varepsilon$，步长为 $250\mu\varepsilon$，共 11 组应变等级，一共 22 组仿真模型。

对构建好的天线传感器的几何模型进行固体力学仿真前处理。添加固体力学模块后，需要设置各个部分材料的力学属性，力学属性值见表 6-2。

天线传感器的材料力学属性　　　　　　　　　　　　　　　表 6-2

材料	拉伸模量（MPa）	极限应变（%）	热导率[W/(m·K)]	泊松比	密度（kg/m³）
罗杰斯 5880	1070	6.0	0.2	0.3	2200

天线传感器在 x 方向 $0\mu\varepsilon$、$500\mu\varepsilon$、$1000\mu\varepsilon$ 和 $1250\mu\varepsilon$ 四个应变等级下的力学应变结果如图 6-23 所示。为了更清晰地观察到传感器的形变效果，图中的形变均是放大了 100 倍

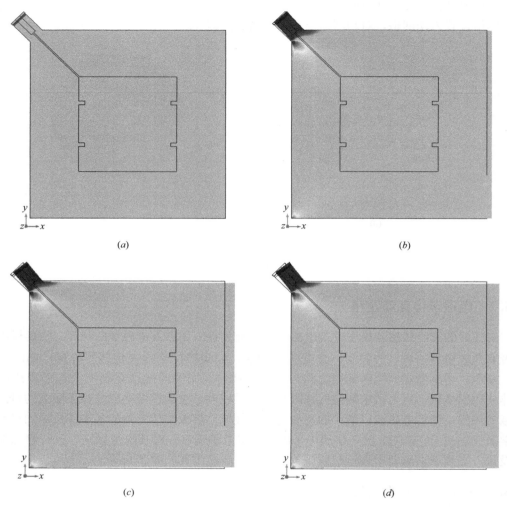

图 6-23　天线传感器力学 x 向应变图（ppm）

(a) $0\mu\varepsilon$；(b) $500\mu\varepsilon$；(c) $1000\mu\varepsilon$；(d) $1250\mu\varepsilon$

的结果。由图中可以看出，随着天线传感器 x 方向应变逐渐增大，传感器的变形程度也是逐步增加的，由于传感器特殊的结构，应变主要分布在传感器主体部分，左上角微带线部位应变几乎为零。传感器的应变云图直观表达出仿真的力学结果与预期结果一致。天线传感器在 y 方向下的应变情况同理，在此不作赘述。

6.6.4　天线传感器形变后的电磁学信息计算

传感器形变后的电磁学信息计算。在电磁学物理场中计算得到天线传感器在形变前，也就是零应变情况下的电磁性能结果后，以此结果作为基准。将天线传感器的几何模型在固体力学物理场中进行各应变等级形变求解，经过变形网格的网格重构后，形变信息应用在电磁学物理场中，进行形变后的天线传感器电磁学性能计算。天线传感器每组应变的电磁信息都按照此步骤进行，重复此步骤，直至计算完成所有应变等级下的电磁性能。

6.7　多物理场电磁学仿真结果

6.7.1　天线传感器电磁仿真性能

对未变形的天线传感器进行了电磁性能的仿真分析，首先分析传感器的输入阻抗，如图 6-24 所示。从图中可以看出输入阻抗曲线在监测频率内出现了双模，TM_{10} 模和 TM_{01} 模对应的谐振频率 f_{10} 和 f_{01} 分别为 2.41GHz 和 2.461GHz，输入阻抗的极小值点对应的频率 f_{m} 是 2.438GHz。

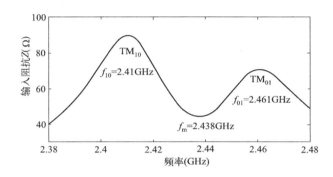

图 6-24　天线传感器零应变下的输入阻抗曲线图

为了进一步证明天线传感器同时激发了 TM_{10} 和 TM_{01} 两种模，从天线传感器的电场、磁场和电流密度三个角度来说明。天线传感器的电场、磁场和电流密度情况分别展示在图 6-25～图 6-27 中，三个图均展示了 TM_{10} 模和 TM_{01} 模对应的谐振频率 f_{10}（2.41GHz）和 f_{01}（2.461GHz）以及输入阻抗极小值对应的谐振频率 f_{m}（2.438GHz），这三个特殊频率的电磁场和电流密度情况。从这三个图中可以看出，天线传感器的电场、磁场和电流密度基本上都是集中在辐射贴片和 1/4 阻抗匹配转换线上，介质层的裸露部分上的电场、磁场和电流密度基本为零。

图 6-25(*a*) 是天线传感器在频率 f_{10} 为 2.41GHz 下的电场模，从图中可以看出，在相同的 y 方向坐标下，辐射贴片沿着 x 方向的电场模基本上是相等的；而在相同的 x 方向坐标下，电场模在辐射贴片上呈现出中间小、两边大的分布，符合 TM_{10} 模式下电场在宽度方向上恒定，在长度方向上呈余弦函数分布的规律。图 6-25(*b*) 是天线传感器在频率 f_{01} 为 2.461GHz 下的电场模，从图中可以看出，在相同的 x 方向坐标下，辐射贴片沿着 y 方向的电场模基本上是相等的；而在相同的 y 方向坐标下，电场模在辐射贴片上呈现出中间小、两边大的分布，符合 TM_{01} 模式下电场在长度方向上恒定，在宽度方向上呈余弦函数分布规律。随着 TM_{10} 和 TM_{01} 两个模式电场的逐渐互相影响、互相叠加，在输入阻抗极小值对应的谐振频率 f_{m}，即 2.438GHz 处达到了两个模式影响力基本一致的情况。图 6-25(*c*) 是天线传感器在频率 f_{m} 为 2.438GHz 下的电场模，从图中可以看出，电场模的分布呈现四周大、中间小的分布规律，这是 TM_{10} 和 TM_{01} 两个辐射模式下电场的叠加结果。

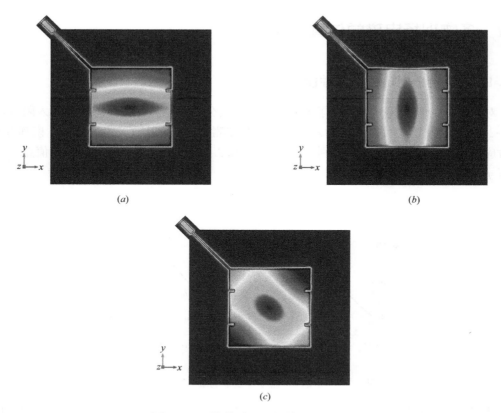

图 6-25　天线传感器电场模图（V/m）
（a）2.41GHz；（b）2.461GHz；（c）2.438GHz

图 6-26（a）是天线传感器在频率 f_{10} 为 2.41GHz 下的磁场模，从图中可以看出，在相同的 y 方向坐标下，辐射贴片沿着 x 方向的磁场模基本上是相等的；而在相同的 x 方向坐标下，磁场模在辐射贴片上呈现出中间大、两边小的分布，符合 TM_{10} 模式下磁场在宽度方向上恒定，在长度方向上呈余弦函数分布的规律。图 6-26（b）是传感器在频率 f_{01} 为 2.461GHz 下的电场模，从图中可以看出，在相同的 x 方向坐标下，辐射贴片沿着 y 方向的磁场模基本上是相等的；而在相同的 y 方向坐标下，磁场场模在辐射贴片上呈现出中间大、两边小的分布，符合 TM_{01} 模式下磁场在长度方向恒定，在宽度方向上呈余弦函数分布的规律。随着 TM_{10} 和 TM_{01} 两个辐射模式的逐渐互相影响、互相叠加，在输入阻抗极小值对应的谐振频率 f_m，即 2.438GHz 处达到了两个模式影响力基本一致的情况。图 6-26（c）是天线传感器在频率 f_m 为 2.438GHz 下的磁场模，从图中可以看出，电场模的分布呈现四周小、中间大的分布规律，这是 TM_{10} 和 TM_{01} 两个模式下磁场的叠加结果。

图 6-27（a）是天线传感器在频率 f_{10} 为 2.41GHz 下的电流密度模，从图中可以看出，在相同的 y 方向坐标下，辐射贴片上沿着 x 方向的电流密度模基本上是相等的；而在相同的 x 方向坐标下，电流密度模在辐射贴片上呈现出中间大、两边小的分布，符合 TM_{10} 模式下电流密度在宽度方向上恒定，在长度方向上呈余弦函数分布的规律。图 6-27（b）

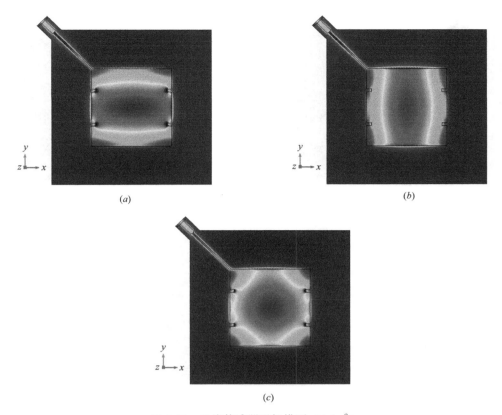

图 6-26　天线传感器磁场模图（A/m^2）

（a）2.41GHz；（b）2.461GHz；（c）2.438GHz

是天线传感器在频率 f_{01} 为 2.461GHz 下的电流密度模，从图中可以看出，在相同的 x 方向坐标下，辐射贴片沿着 y 方向的电流密度模基本上是相等的；而在相同的 y 方向坐标下，电流密度模在辐射贴片上呈现出中间大、两边小的分布，符合 TM$_{01}$ 模式下电流密度在长度方向上恒定，在宽度方向上呈余弦函数分布的规律。随着 TM$_{10}$ 和 TM$_{01}$ 两个模式的逐渐互相影响、互相叠加，在输入阻抗极小值对应的谐振频率 f_{m}，即 2.438GHz 处达到了两个模式影响力基本一致的情况。图 6-27（c）是天线传感器在频率 f_{m} 为 2.438GHz 下的电流密度模，从图中可以看出，电流密度模的分布呈现四周小、中间大的分布规律，这是 TM$_{10}$ 和 TM$_{01}$ 两个模式下电流密度的叠加结果。

从以上对天线传感器电场、磁场和电流密度的分析，可以得出天线传感器在多物理场仿真中成功激发了双模辐射 TM$_{10}$ 和 TM$_{01}$，在频率 f_{m} 处，输入阻抗的值同时受到了两个模式的影响。

6.7.2　天线传感器在不同等级应变下的输入阻抗响应

在多物理场仿真软件 COMSOL 中对已经进行不同等级应变力学处理的天线传感器进行电磁学计算，计算的频率范围为 2.38～2.48GHz，步长为 1MHz。x 方向不同等级应变下的输入阻抗响应如图 6-28 所示，y 方向不同等级应变下的输入阻抗如图 6-29 所示。

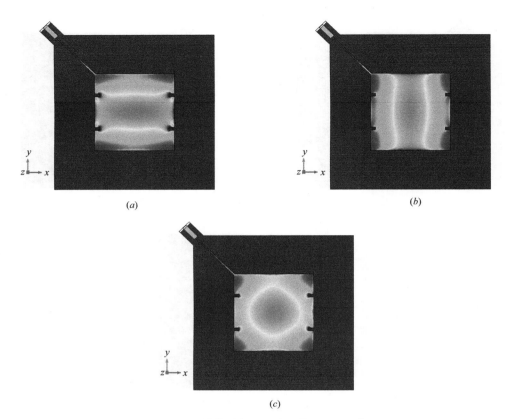

图 6-27　天线传感器电流密度模图（A/m^2）
（a）2.41GHz；（b）2.461GHz；（c）2.438GHz

图 6-28（a）展示了天线传感器在各等级拉应变情况下的输入阻抗响应，从图中可以看出，随着拉应变逐渐增加，TM$_{01}$ 模所对应的谐振频率 f_{01} 向左偏移，而 TM$_{10}$ 所对应的谐振频率 f_{10} 基本不变。输入阻抗曲线波谷处的输入阻抗极小值变化明显且具有规律，当拉应变增加时，输入阻抗极小值向上移动。图 6-28（b）展示了天线传感器在各等级压应变情况下的输入阻抗响应，从图中可以看出，随着压应变逐渐增大，TM$_{01}$ 模所对应的谐振频率 f_{01} 向右偏移，而 TM$_{10}$ 所对应的谐振频率 f_{10} 基本不变。输入阻抗曲线波谷处的输入阻抗极小值变化明显且具有规律，当压应变增加时，输入阻抗极小值向下移动。

图 6-29（a）展示了天线传感器在各等级拉应变情况下的输入阻抗响应，从图中可以看出，随着拉应变逐渐增加，TM$_{01}$ 模所对应的谐振频率 f_{01} 基本不变，而 TM$_{10}$ 所对应的谐振频率 f_{10} 向左移动，输入阻抗曲线波谷处的输入阻抗极小值变化明显且具有规律，当拉应变增加时，输入阻抗极小值向下移动。图 6-29（b）展示了天线传感器在各等级拉应变情况下的输入阻抗响应，从图中可以看出，随着压应变逐渐增大，TM$_{01}$ 模所对应的谐振频率 f_{01} 基本不变，而 TM$_{10}$ 所对应的谐振频率 f_{10} 向右移动，输入阻抗曲线波谷处输入阻抗最小值变化明显且具有规律，当拉应变增加时，输入阻抗极小值向上移动。

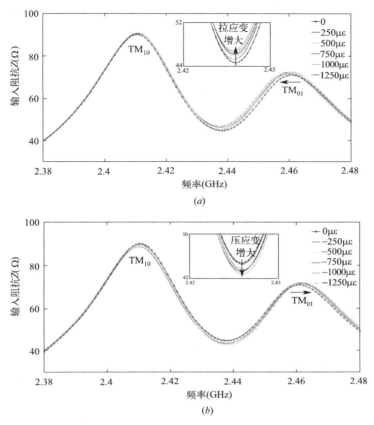

图 6-28　传感器在 x 方向各应变等级下的输入阻抗

（a）拉应变；（b）压应变

综上，天线传感器在不同等级的拉应变或者压应变时表现出的输入阻抗响应均不同。金属材料的应变方向可通过观察两个模 TM_{01} 和 TM_{10} 对应的谐振频率是否发生了偏移来判断，方向判定完成后，通过观察谐振频率偏移方向或者输入阻抗极小值的偏移方向来断定是拉应变还是压应变，以上完成对应变的定性分析。若 TM_{01} 对应的谐振频率 f_{01} 发生了偏移，则应变方向为 x 方向，f_{01} 左移和输入阻抗极小值上移均能说明天线传感器产生了拉应变，相反，f_{01} 右移和输入阻抗极小值下移均能说明天线传感器产生了压应变；若 TM_{10} 对应的谐振频率 f_{10} 发生了偏移，则应变方向为 y 方向，f_{10} 左移和输入阻抗极小值下移均能说明天线传感器产生的是压应变，相反，f_{10} 右移和输入阻抗极小值上移均能说明天线传感器产生了拉应变。当天线传感器产生不同方向的拉应变或者压应变，表现出的电磁参数响应是不同的，这就是天线传感器监测应变的原理。

6.7.3　输入阻抗与应变的拟合关系

当金属材料产生应变时，通过观察两个模 TM_{01} 和 TM_{10} 对应的谐振频率是否发生了偏移来判断应变的方向，方向判定完成后，可以通过天线传感器的谐振频率或者输入阻抗极小值的偏移方向来判断是拉应变还是压应变。完成应变的定性识别后，还需要研究应变

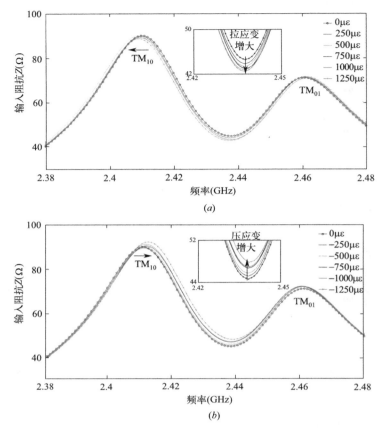

图 6-29 传感器在 y 方向各应变等级下的输入阻抗

(a) 拉应变；(b) 压应变

的定量识别，应变的大小需要通过输入阻抗极小值得出，所以将输入阻抗值与应变等级建立一一对应的数学拟合模型。由于应变常用微应变表示，$\mu\varepsilon = 10^{-6}\varepsilon$，故将天线传感器的输入阻抗进行标准化处理，并用 ppm 作为单位。标准化处理公式如下：

$$Z_n = \frac{Z_\varepsilon - Z_0}{Z_0} \times 10^6 \, (\text{ppm}) \tag{6-26}$$

式中　Z_0、Z_ε——零应变和应变状态下的输入阻抗极小值。

将天线传感器的拉应变用正值表示，压应变用负值表示。经过拟合，得到标准化输入阻抗极小值点和 x 方向微应变之间的关系，如图 6-30 所示，标准化输入阻抗极小值点和 x 方向微应变之间的拟合方程式为 $Z_n = 38\varepsilon + 5610$，拟合优度 R^2 为 0.9726，说明两者之间的线性关系式可靠。天线传感器在 x 方向感知应变的灵敏度为 38ppm/$\mu\varepsilon$，即在 x 方向上每增加 1$\mu\varepsilon$，标准化输入阻抗极小值就会增加 38ppm。

经过拟合，得到标准化输入阻抗极小值点和 y 方向微应变之间的关系，如图 6-31 所示，标准化输入阻抗极小值点和 y 方向微应变之间的拟合方程式为 $Z_n = -50\varepsilon + 3232$，拟合优度 R^2 为 0.9772，说明两者之间的线性关系式可靠。天线传感器在 x 方向感知应变的

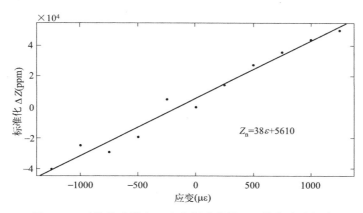

图 6-30　天线传感器在 x 方向标准化输入阻抗与应变拟合

灵敏度为 $-50\mu\varepsilon/\text{ppm}$，由于 y 方向标准化输入阻抗极小值和微应变呈单调递减关系，即在 y 方向上每增加 $1\mu\varepsilon$，输入阻抗极小值就会减少 50ppm。

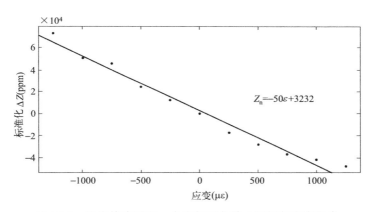

图 6-31　天线传感器在 y 方向标准化输入阻抗与应变拟合

　　根据天线传感器的"力—磁"多物理场仿真结果可知，天线传感器产生不同方向的拉应变或者压应变时表现出的输入阻抗响应均不同。当金属材料产生应变时，可以看天线传感器两个模 TM_{01} 和 TM_{10} 对应的谐振频率是否发生了偏移来判断应变的方向，方向判定完成后，可以通过天线传感器谐振频率或者输入阻抗极小值的偏移方向来判断是拉应变还是压应变，完成对应变的定性分析后，通过输入阻抗极小值得出应变值，完成对应变的定量分析。若 TM_{01} 对应的谐振频率 f_{01} 发生了偏移，则受到应力方向为 x 方向，f_{01} 左移和输入阻抗极小值上移均能说明天线传感器产生了拉应变，相反，f_{01} 右移和输入阻抗极小值下移均能说明天线传感器产生了压应变；若 TM_{10} 对应的谐振频率 f_{10} 发生了偏移，则应变方向为 y 方向，f_{10} 左移和输入阻抗极小值下移均能说明天线传感器产生了拉应变，相反，f_{10} 右移和输入阻抗极小值上移均能说明天线传感器产生了压应变。根据传感器的输入阻抗曲线三个极值的变化情况完成对应变状态的判定，再由拟合关系进行应变的定量推算。不同应变等级下的输入阻抗特征变化情况见表 6-3。

不同应变等级下天线传感器输入阻抗特征的变化（以 0 应变为基准）　　表 6-3

	$x_{拉}$	$x_{压}$	$y_{拉}$	$y_{压}$
TM_{10}	不变	不变	左移	右移
TM_{01}	左移	右移	不变	不变
Z_{min}	上移	下移	下移	上移
ε	$Z_n = 38\varepsilon + 5610$		$Z_n = -50\varepsilon + 3232$	

6.8　本章小结

　　本章简单介绍微带贴片天线的组成和分析方法，根据"传输线模型"介绍了贴片天线的设计方法，根据"谐振腔模型"理论分析了 TM_{100} 和 TM_{010} 两种模式下微带贴片天线传感器的电场、磁场和电流的分布规律，为天线传感器的应变传感机理奠定了理论依据。将初步设计的天线传感器根据优化调整的目标进行调整，通过分析天线传感器的谐振频率响应，四槽形贴片天线传感器在应变监测领域的应用可能性被初步探索。

　　电磁仿真结果证明，同轴探针馈电的基于线极化天线原理传感器 D 和传感器 G 分别可以在低频和高频产生单模的辐射，可感知单向应变，而基于圆极化天线原理的传感器可以同时产生两种辐射模式，因此圆极化天线传感器可感知双向应变。将天线传感器的馈电方式由同轴探针馈电用 1/4 波长转换器改为微带线馈电设计，使后期的加工和测试更加便捷准确。

　　对天线传感器用多物理场仿真软件 COMSOL 进行"力—磁"仿真，对天线传感器设置电磁学和固体力学仿真前处理，天线传感器的不同等级应变图证实各等级应变设置成功，计算各个应变等级下天线传感器电磁参数信息后，对结果进行后处理及分析。

　　零应变下天线传感器的输入阻抗在监测频率内成功出现了双模 TM_{10} 模和 TM_{01} 模，天线传感器的电场、磁场和电流密度情况直观表现了两种辐射模式成功出现。

　　最后分析了各个应变等级下天线传感器的输入阻抗响应，将输入阻抗和应变进行线性拟合，得到线性关系较好的方程式，从多物理场仿真角度得到了应变的定性和定量判定，验证了"力—磁"多物理场综合作用下天线传感器监测应变的可行性。

参考文献

［1］ Chung K L, Cui A, Feng B. A Guo-shaped patch antenna for hidden WLAN access points ［J］. International Journal of RF and Microwave Computer-Aided Engineering, 2021, 31 (2).

［2］ Yi X, Cho C, Cooper J, et al. Passive wireless antenna sensor for strain and crack sensing—Electromagnetic modeling, simulation, and testing ［J］. Smart Materials and Structures, 2013, 22 (8): 085009.

［3］ Boureois J R, Smith G S. A complete electromagnetic simulation of the separated-aperture sensor for detecting buried land mines ［J］. IEEE Transactions on Antennas and Propagation, 1998, 46 (10): 1419-1426.

［4］ Mikki S M, Antar Y M M. A theory of antenna electromagnetic near field—Part I ［J］. IEEE Transactions on Antennas and Propagation, 2011, 59 (12): 4691-4705.

[5] Honglei W, Kunde Y, Kun Z. Performance of dipole antenna in underwater wireless sensor communication [J]. IEEE Sensors Journal, 2015, 15 (11): 6354-6359.

[6] Yi X, Wang Y, Tentzeris M M, et al. Multi-physics modeling and simulation of a slotted patch antenna for wireless strain sensing [J]. Structural Health Monitoring, 2013: 1857-1864.

[7] Aiien J, Herscovici N, Kramer B, et al. New concepts in electromagnetic materials and antennas [J]. Air Force Research Laboratory, 2015.

[8] Huangh H, Shi J, Wang F, et al. Theoretical and experimental studies on the signal propagation in soil for wireless underground sensor networks [J]. Sensors, 2020, 20 (9): 2580.

[9] Marrocco G. RFID grids: Part I—Electromagnetic theory [J]. IEEE Transactions on Antennas and Propagation, 2011, 59 (3): 1019-1026.

[10] Sanders J W, Yao J, Huang H. Microstrip patch antenna temperature sensor [J]. IEEE Sensors Journal, 2015, 15 (9): 5312-5319.

[11] Marrocco G, Mattioni L, Calabrese C. Multiport sensor RFIDs for wireless passive sensing of objects—Basic theory and early results [J]. IEEE Transactions on Antennas and Propagation, 2008, 56 (8): 2691-2702.

[12] Svantesson T, Jensen M A, Wallace J W. Analysis of electromagnetic field polarizations in multiantenna systems [J]. IEEE Transactions on Wireless Communications, 2004, 3 (2): 641-646.

[13] Liao X, Carin L. Application of the theory of optimal experiments to adaptive electromagnetic-induction sensing of buried targets [J]. IEEE Transactions on Pattern Analysis and Machine Intelligence, 2004, 26 (8): 961-972.

[14] Sun C, Guo H, Hao W. A novel method for PD measurement using the equipment shell slot as sensing antenna [C] //2018 12th International Symposium on Antennas, Propagation and EM Theory (ISAPE). IEEE, 2018: 1-4.

[15] Caizzone S, Digiampaolo E. Wireless passive RFID crack width sensor for structural health monitoring [J]. IEEE Sensors Journal, 2015, 15 (12): 6767-6774.

[16] Wang P, Dong L, Wang H, et al. Investigation the influence of miniaturized RFID tag sensor on coupling effect [J]. Sensor Review, 2021, 41 (4): 425-435.

[17] Russer J A, Russer P. Modeling of noisy EM field propagation using correlation information [J]. IEEE Transactions on Microwave Theory and Techniques, 2014, 63 (1): 76-89.

[18] Mohaamadi S M, Daldorff L K S, Bergman J E S, et al. Orbital angular momentum in radio—A system study [J]. IEEE Transactions on Antennas and Propagation, 2009, 58 (2): 565-572.

[19] Shi G, Shen X, Gu L, et al. Multipath interference analysis for low-power RFID-sensor under metal medium environment [J]. IEEE Sensors Journal, 2023.

[20] Li H, Markettos A T, Moore S. Security evaluation against electromagnetic analysis at design time [C] //Tenth IEEE International High-Level Design Validation and Test Workshop, 2005. IEEE, 2005: 211-218.

[21] Sevgi L, Ponsford A, Chan H C. An integrated maritime surveillance system based on high-frequency surface-wave radars. 1. Theoretical background and numerical simulations [J]. IEEE Antennas and Propagation Magazine, 2001, 43 (4): 28-43.

[22] Arnold A, Khenchaf A, Martin A. Bistatic radar imaging of the marine environment—Part I: Theoretical background [J]. IEEE Transactions on Geoscience and Remote Sensing, 2007, 45 (11): 3372-3383.

[23] Ng J P S, Sum Y L, Soong B H, et al. Investigation of material loading on an evolved antecedent

hexagonal CSRR-loaded electrically small antenna [J]. Sensors, 2023, 23 (20): 8624.

[24] Karami H, Azadifar M, Mostaajabi A, et al. Localization of electromagnetic interference sources using a time-reversal cavity [J]. IEEE Transactions on Industrial Electronics, 2020, 68 (1): 654-662.

[25] Huang H. Flexible wireless antenna sensor: A review [J]. IEEE Sensors Journal, 2013, 13 (10): 3865-3872.

[26] Xing C, Shi J, Pan J, et al. Time series X-and Ku-band ground-based synthetic aperture radar observation of snow-covered soil and its electromagnetic modeling [J]. IEEE Transactions on Geoscience and Remote Sensing, 2021, 60: 1-13.

[27] Oocciuzzi C, Caizzone S, Marrocco G. Passive UHF RFID antennas for sensing applications: Principles, methods, and classifcations [J]. IEEE Antennas and Propagation Magazine, 2013, 55 (6): 14-34.

[28] Wang P, Dong L, Wang H, et al. Passive ultra high frequency RFID sensor with reference tag for crack detection of aluminum alloy structure [J]. Journal of Instrumentation, 2021, 16 (11): P11018.

[29] Wang W, Ge H, Liu T, et al. Study of patch antennas for strain measurement [J]. Electromagn. Nondestruct. Eval. (XVIII), 2015, 40: 313-321.

[30] Ng J P S, Sum Y L, Soong B H, et al. Investigation of material loading on an evolved antecedent hexagonal CSRR-loaded electrically small antenna [J]. Sensors, 2023, 23 (20): 8624.

[31] Wallace J W, Jensen M A. Mutual coupling in MIMO wireless systems: A rigorous network theory analysis [J]. IEEE Transactions on Wireless Communications, 2004, 3 (4): 1317-1325.

[32] Guo H, Qiu H, Yao L, et al. Investigation on polarization characteristics of PD-induced electromagnetic wave leakage in GIS with metal belt [J]. IEEE Transactions on Dielectrics and Electrical Insulation, 2016, 23 (3): 1475-1481.

[33] Zhang J, Huang J, Sun P, et al. Analysis method of bending effect on transmission characteristics of ultra-low-profile rectangular microstrip antenna [J]. Sensors, 2022, 22 (2): 602.

[34] Xu F, Wei Y, Bian S, et al. Simulation-based design and optimization of rectangular micro-cantilever-based aerosols mass sensor [J]. Sensors, 2020, 20 (3): 626.

[35] Issa A B. Mathematical modeling of induction thermoforming process for radio telescope panels manufacturing [D]. The University of Arizona, 2020.

[36] Gu X, Hemour S, Wu K. Enabling far-field ambient energy harvesting through multi-physical sources [C] //2018 Asia-Pacific Microwave Conference (APMC). IEEE, 2018: 204-206.

[37] Liu L, Chen L. Characteristic analysis of a chipless RFID sensor based on multi-parameter sensing and an intelligent detection method [J]. Sensors, 2022, 22 (16): 6027.

[38] Sinai A, Bottcher B, Menge M, et al. Multi-Physical sensor fusion approach for partial discharge detection on medium voltage cable connectors [C] //2019 2nd International Conference on High Voltage Engineering and Power Systems (ICHVEPS). IEEE, 2019: 202-207.

[39] Liu Z, Guo Q, Wang Y, et al. Decoupled monitoring method for strain and cracks based on multi-layer patch antenna sensor [J]. Sensors, 2021, 21 (8): 2766.

[40] Xu J, Zhu T Q, Zhang H F. Multi-physical quantity sensing based on magnetized plasma spherical photonic crystals with evanescent wave [J]. Journal of Physics D: Applied Physics, 2023, 56 (50): 505302.

[41] Yang J, Qin T, Zhang F, et al. Multiphysical sensing of light, sound and microwave in a micro-

cavity Brillouin laser [J] . Nanophotonics，2020，9（9）：2915-2925.

[42]　Shi Y，Xu J，Ye J. Enhanced near-field radiation of acoustic-actuated antennas using embedded magnetoelectric composites [J] . Composite Structures，2023，314：116975.

[43]　Sinha P，Mukhopadhyay T. Programmable multi-physical mechanics of mechanical metamaterials [J] . Materials Science and Engineering：R：Reports，2023，155：100745.

[44]　Wan G，Jiang Z，Xie L. A multi-parameter integration method and characterization study of chipless RFID sensors with spiral shape [J] . IEEE Transactions on Instrumentation and Measurement，2023.

[45]　Huang C，Duan J，Liu W，et al. Optimizing turn-on angle and external rotor pole shape to suppress torque ripple of a novel switched reluctance motor [J] . Progress in Electromagnetics Research M，2022，107：243-257.

[46]　Cerri G，Farina M，Pierantoni L，et al. Birth and development of the "electromagnetic fields" group [J] . The First Outstanding 50 Years of "Università Politecnica delle Marche" Research Achievements in Physical Sciences and Engineering，2019：23-36.

[47]　Chen F，Yang J，Li Z. Modeling of an uncooled CMOS THz thermal detector with frequency-selective dipole antenna and PTAT temperature sensor [J] . IEEE Sensors Journal，2017，18（4）：1483-1492.

[48]　Zhou H，Liu S，Liu H，et al. Studies on mechanical loss in converse magnetoelectric effect under multi-physical field [J] . Smart Materials and Structures，2019，28（2）：024004.

[49]　Lei M，Dong Y. Multi-granularity modeling method for effectiveness evaluation of remote sensing satellites [J] . Remote Sensing，2023，15（17）：4335.

[50]　Zhang J，Lian Z，Zhou Z，et al. Acoustic method of high-pressure natural gas pipelines leakage detection：Numerical and applications [J] . International Journal of Pressure Vessels and Piping，2021，194：104540.

[51]　Duan B. Large spaceborne deployable antennas（LSDAs）—a comprehensive summary [J] . Chinese Journal of Electronics，2020，29（1）：1-15.

[52]　Thai T T，Mehdi J M，Chebila F，et al. Design and development of a novel passive wireless ultra-sensitive RF temperature transducer for remote sensing [J] . IEEE Sensors Journal，2012，12（9）：2756-2766.

[53]　Zhang S，Gu Y，Zhong W，et al. The establishment and analysis of the structural-electromagnetic coupling model of the electrostatically controlled deployable membrane antenna [J] . Chinese Journal of Electronics，2023，33：1-9.

[54]　Fang Z，Wang W，Wang J，et al. Integrated wideband chip-scale RF transceivers for radar sensing and UWB communications：A survey [J] . IEEE Circuits and Systems Magazine，2022，22（1）：40-76.

第7章 微带贴片天线传感器研制与对结构复杂应变监测性能

7.1 天线传感器的制作

7.1.1 天线传感器板材基本规格

传感器原材料是罗杰斯 5880 介质板材，长 304.8mm，宽 228.6mm，介质层厚度为 0.787mm，上下表面覆铜厚度是 17.5μm（图 7-1）。

7.1.2 天线传感器雕刻过程

本课题实验过程使用的天线传感器是通过乐普科光电公司的 LPKF ProtoMat S63 激光雕刻机制作的。S63 配备 15 刀位自动换刀系统，自动化程度高，Z 轴可控，具备三维加工能力。

图 7-1 304.8mm×228.6mm 的罗杰斯 5880 板材

S63 分辨率精达 0.5μm，可轻松制作 0.1mm 的线宽、间距，能够满足天线传感器 1/4 波长转换器最小宽度 0.59mm 的加工要求。S63 激光雕刻机可以精准控制加工深度，配备摄像头标靶识别系统，用于标靶识别，在加工时图形自动定位。激光雕刻机的铣刻宽度自动调整功能，无须人工测试，调节铣刻宽度，确保雕刻过程中铣刻宽度的一致性。S63 可配备一体式真空吸附台，可固定 305mm×229mm 的板材，使板材固定更加方便，加工效果更好（表 7-1）。

LPKF ProtoMat S63 激光雕刻机性能参数　　　　　　　表 7-1

重复精度 （mm）	分辨率 （μm）	加工幅面 （mm×mm）	最小导线 宽度（mm）	最小钻孔 直径（mm）	最小绝缘 间距（mm）
±0.001	0.5	305×229	0.1	0.15	0.1

因为 LPKF ProtoMat S63 只能加工平面板材，首先将最终优化好的 COMSOL 文件几何模型转换为平面模型，另存为 DXF 格式导入 Auto CAD 软件，将几何模型线条的轮廓做闭合处理，将闭合平面模型导入雕刻机控制电脑上的 LPKF CircuitPro2.3 控制软件中，对需要雕刻的模型进行排版，将板材平整地固定在雕刻机的工作台面上，并且用纸胶带加固。在电脑控制软件中设置材料类型、尺寸、厚度和加工参数。从图 7-2 可以看出，传感器需要用到的工艺有表面绝缘刻线、剥铜、切割板材三种。表面绝缘刻线选用了

Universal cutter 0.2～0.5mm 通用刻线刀具，也就是图 7-3 中的 2 号刀具，去铜皮区域选择了 End mill 1mm/2mm 端面剥铜刀具，是图 7-3 中的 4 号刀具，切割需要用到 End mill long 1mm/2mm 的刀具，对应图 7-3 中的 5 号刀具，传感器的切割使用美工刀手动切割代替，本次雕刻实验实际上只用到了 2 号和 4 号刀具，在天线传感器的雕刻制作之前，这两种刀具需要校准。各加工工艺对应的刀具设置完成后，根据 LPKF 软件的导航进行各项加工参数和铜箔剥除区域的设置。

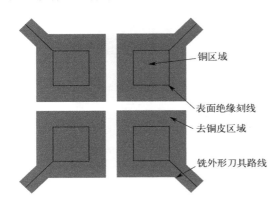

图 7-2　雕刻机雕刻传感器的加工工艺图　　　　图 7-3　雕刻机常用刀具

介质材料在 S63 雕刻机中加工完成后，将雕刻好的平面传感器手工切割下来，得到最终的平面传感器，雕刻流程如图 7-4 所示。

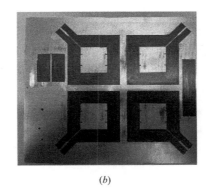

(a)　　　　　　　　　　*(b)*　　　　　　　　　　*(c)*

图 7-4　传感器的雕刻过程
（*a*）激光雕刻机雕刻；（*b*）雕刻完成；（*c*）平面传感器

7.1.3　天线传感器的折叠和焊接

天线传感器的折叠和焊接如图 7-5 所示，此步骤手工完成，使用到的材料有平面传感器和 SMA 射频连接器，使用到的工具有台式放大镜、电烙铁、焊锡线、焊锡膏老虎钳和万能表。使用老虎钳和量角器将平面传感器折叠成 L 形 90°的 3D 传感器，为了避免微带线在折叠过程中被老虎钳刮花、影响天线传感器性能，折叠过程中天线传感器折叠部位用全棉无纺布盖住保护，再用老虎钳进行折叠，最后用电烙铁将天线传感器的微带线前端焊接上 SMA，保证微带线馈电接地板与 SMA 法兰盘、微带线馈电前端与 SMA 接头引脚牢固接触，用万能表检测验证导电性是否良好。

(a)　　　　　　　　　　　　　　　　　(b)

图 7-5　天线传感器

（a）折叠；（b）焊接

7.1.4　天线传感器电磁性能测试方法

本实验使用的矢量网络分析仪是"是德科技"公司的，型号为 KEYSIGHT N5222A PNA，该仪器的测量范围是 10MHz～26.5GHz，本课题使用该设备测量天线传感器的 S 参数和 smith 图。KEYSIGHT N4691B 电子校准件的工作频率范围是 300kHz～26.5GHz。测试方法是：首先将 PNA 打开预热 1h，设置测试频率范围；待电子校准件指示灯由红变绿，将电子校准件和 PNA 用射频连接线连接，进行校准，排除设备系统和射频连接线造成的误差；校准完成后将天线传感器和 PNA 用射频连接线连接，即可进行传感器的电磁性能测试（图 7-6）。

图 7-6　天线传感器电磁性能测试

实验测试和"力—磁"多物理场耦合仿真得到的输入阻抗图如图 7-7 所示，实验得到的输入阻抗与仿真得到的输入阻抗的趋势一致，低频波峰、高频波峰和波谷明显。实验和仿真 TM_{10} 模对应的谐振频率 f_{10} 分别为 2.402GHz 和 2.41GHz；实验和仿真 TM_{01} 模对应的谐振频率 f_{01} 分别为 2.458GHz 和 2.461GHz；实验和仿真输入阻抗极小值对应的频率 f_m 都为 2.438GHz。实验所得到的输入阻抗曲线跟仿真相比，谐振频率契合度很高，输入阻抗值出现轻微失调，轻微失调的情况出现和介质材料、测试环境中自由空间的介电性能有关系，软件仿真过程并不能完全模拟实际测试环境和板材介质材料的各向异性情况。就总体看来，实验和仿真的输入阻抗曲线都出现明显清晰的相邻正交双模特征，两者有较高的一致性。

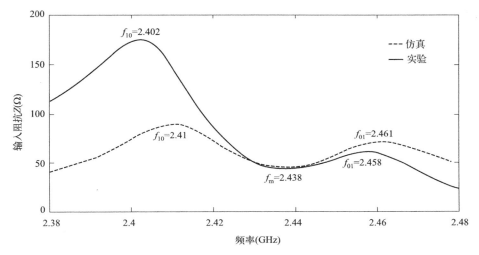

图 7-7　仿真和实验的输入阻抗图

7.2　实验方案

7.2.1　悬臂梁应变实验方案设计

结构从产生微小变形到发生细小裂缝再到整个结构破坏，这个过程都可以通过应变信号体现出来，应变信号在各种 SHM 的科研实验和实际工程中都具有十分重要的意义。在土木工程中，准确得到结构应变对于实验结果和工程安全极其重要，测量应变最简单有效的方法就是在结构关键部位粘贴上应变传感器，获得所需部位的应变信息。

为了得到天线传感器在不同的应变等级下输入阻抗的响应情况，本实验设计悬臂梁应变检测装置。悬臂梁的材料是 1060 铝，尺寸如图 7-8 所示，铝板设计和天线传感器放置情况如图 7-9 所示。悬臂梁的一端用 C 形钳固定在桌子上，即图 7-9①区域为 C 形钳夹持区域。

悬臂梁 C 形钳夹持区域为固定端，在自由端施加方向向下、大小为 P 的荷载，梁产生形变后 d 处的弯矩为：

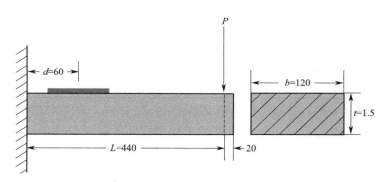

图 7-8　悬臂梁尺寸示意图（mm）

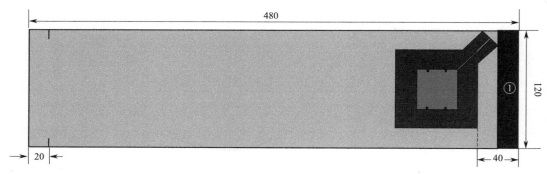

图 7-9　铝板设计和天线传感器放置示意图（mm）

$$M(d) = -P(L-d) = -mg(L-d) \tag{7-1}$$

式中　L——悬臂梁的长度；

　　　d——悬臂梁固定端到传感器中心端的距离；

　　　m——砝码的质量；

　　　g——重力加速度，9.8N/kg。

天线传感器中心处受到的应力为：

$$\sigma = -\frac{My}{I} \tag{7-2}$$

$$I = \frac{1}{12}bt^3 \tag{7-3}$$

式中　y——悬臂梁表面距离中性轴的距离，悬臂梁铝板一半的厚度（$t/2$）；

　　　I——截面转动惯量；

　　　b——悬臂梁的宽度；

　　　t——悬臂梁的厚度。

根据胡克定律，应力和应变成正比关系，比例系数是弹性模量 E，所以贴片传感器中心的微应变为：

$$\varepsilon(d) = \frac{6P(L-d)}{Ebt^2} \tag{7-4}$$

本实验中悬臂梁自由端施加的载荷使铝板在弹性变形阶段，AL1060 铝材的弹性模量 E 为 69GPa，屈服极限 $s=90$MPa，计算得到弹性阶段内最大变形 $s=0.13\%$，砝码最大为 236g，办公室砝码范围 $100\sim1300$g，间隔 100g。根据式（7-4），每增加 100g 的加载则应变相应增加 $120\mu\varepsilon$。实验的应变加载范围为 $0\sim1200\mu\varepsilon$，应变间隔为 $120\mu\varepsilon$。

7.2.2　悬臂梁应变实验方案搭建

为了验证基于天线原理的双向应变传感器用于金属材料的应变测量效果，本实验设计了 x 方向拉应变、x 方向压应变、y 方向拉应变、y 方向压应变实验。因为悬臂梁应变测试是在悬臂梁长度方向上施加载荷，所以需要 2 个天线传感器和 2 个悬臂梁铝板分别粘贴，第一个传感器的 x 方向与悬臂梁的长度方向保持一致，第二个传感器的 y 方向与悬臂梁的长度方向保持一致，以分别测试天线传感器对于 x 方向和 y 方向的应变感知情况。测试 y 方向应变时，悬臂梁搭建过程中传感器 y 方向与悬臂梁长度方向一致，其他步骤与 x 方向相同。

（1）应变传感器的制作在 7.1 节已详细说明。

（2）铝板悬臂梁的切割。根据 7.2.1 节所设计的悬臂梁，选用 AL1060 铝材（现行国家标准 GB/T 3190）加工制作了如图 7-10 所示的受载金属结构悬臂梁。悬臂梁的总长度是 480mm，从左往右依次是 C 形钳夹持区域、粘贴传感器区域和载荷加载区域。悬臂梁的宽度是 120mm，厚度是 1.5mm。

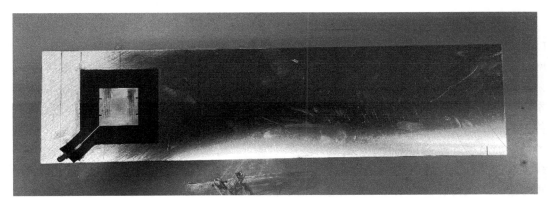

图 7-10　粘贴好传感器的悬臂梁实物图

（3）粘贴前准备工作。首先用铅笔和尺子对铝板悬臂梁的夹持区域和粘贴区域进行定位。用 240 目的粗砂纸对铝板悬臂梁上粘贴传感器的部位进行 45°打磨，使悬臂梁的粘贴区域具有一定的粗糙度，这样传感器能粘贴得更加牢固。打磨后需要用棉花球擦拭干净铝材粉末。

（4）传感器的粘贴。使用强力胶均匀涂抹在悬臂梁粘贴区域，迅速将天线传感器的一端与铝板悬臂梁粘贴，再缓慢地将另一侧慢慢靠近铝板，直至天线传感器与铝板全部接触，此方法能防止粘贴过程中气泡产生。轻轻按压传感器，使天线传感器和悬臂梁紧密粘贴，最后用砝码或者其他重物压在上面，放置在通风处风干一天。

（5）应变片的粘贴。实验选用型号为 BX120×5AA、尺寸为 5mm×3mm 胶基箔式应变片。由于应变片中有金属导电材料，为避免金属对天线传感器产生辐射干扰，应变片不能直接粘贴在天线传感器的辐射贴片上，本实验中应变片粘贴在天线传感器的旁边和悬臂梁的另一面与天线传感器几何中心的相对应位置。由于聚乙烯薄膜不会轻易被强力胶粘连，粘贴应变片时在应变片上面盖一张聚乙烯薄膜，避免应变片粘贴强力胶后未风干时与其他物品粘连，用手指均匀地滚压，把多余的胶粘剂和气泡挤出，胶层要均匀无气泡，粘贴好的应变片放置在通风处风干（图 7-11）。

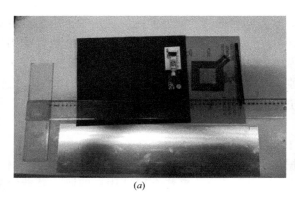

（*a*）   （*b*）

图 7-11 粘贴天线传感器用到的材料工具和应变片

（*a*）材料和工具；（*b*）应变片

贴有天线传感器悬臂梁应变监测实验平台如图 7-12 所示，实验所用的应变采集仪是 DH5922D 动态信号测试分析系统（12 通道），笔记本电脑控制端和应变采集仪通过千兆网线连接后，通过以太网控制应变采集仪。应变输入线一端与应变片相连，一端接入应变采集仪。笔记本电脑控制端进行各项应变采集设置后，应变片处的应变均实时显示在笔记本电脑上，最终保存在笔记本电脑里。实验平台使用的是 N5222A 矢量网络分析仪。天线传感器（部件 5）粘贴在悬臂梁（部件 6）上，悬臂梁的一端通过 C 形夹（部件 3）固定，另一端通过增加砝码（部件 7）使悬臂梁产生应变。天线传感器（部件 5）通过射频连接线（部件 2）连接到 PNA（部件 1）上，部件 1 是"是德科技"的矢量网络分析仪，用来实时监测天线传感器的电磁参数信息。粘贴在悬臂梁（部件 6）上的应变片（部件 4）与应变采集仪（部件 8）相连，将应变数据信息通过笔记本，即应变采集控制端（部件 9）实时显示存储。

7.2.3 悬臂梁应变实验

（1）在悬臂梁应变监测实验平台进行拉应变测试时，天线传感器朝悬臂梁上表面放置；进行压应变测试时，天线朝悬臂梁下表面放置。用 C 形钳夹持悬臂梁夹持区域，使悬臂梁固定在桌子边缘。由于测量的是简单拉伸压缩应变，对照应变采集仪的使用说明，将金属箔应变片和应变采集仪通过 1/4 桥（三线制）连接，见图 7-12 左下角，笔记本电脑控制端通过千兆网线与应变采集仪连接。在一个无加载状态下的铝板上连接一个应变片作为补偿通道，在电脑控制端进行平衡清零操作。悬臂梁应变的产生通过在悬臂梁的自由

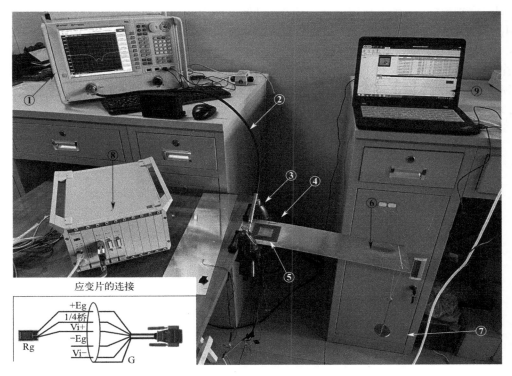

图 7-12　贴有传感器悬臂梁应变监测实验平台

①—PNA；②—射频连接线；③—C形钳子；④—应变片；⑤—天线传感器；

⑥—悬臂梁；⑦—砝码；⑧—应变采集仪；⑨—应变采集控制端

端悬挂砝码，施加负载，产生应变。

（2）打开矢量网络分析仪，预热一段时间，设置实验测试的监测频率范围为 2.38～2.48GHz，测试步长为1MHz。待电子校准件指示灯由红变绿后，用射频连接线将 PNA 端口和连接校准件连接，进行校准设置。

（3）对悬臂梁依次进行不同等级的应变加载。根据对式（7-4）的计算结果，$120\mu\varepsilon$ 的应变通过在悬臂梁的加载端悬挂 100g 的砝码实施，因为砝码的震荡会影响传感器的电磁参数信息及应变数据的采集，悬挂后用手扶住直至砝码不再晃动，再静置 2min，待其稳定后进行电磁参数信息和应变信息的保存。同理，$240\mu\varepsilon$ 的应变通过在悬臂梁的加载端悬挂 200g 的砝码实施，在 100g 的砝码上再悬挂第二个 100g 砝码，重复上面的步骤。砝码质量范围为 100～800g，间隔 100g，每个方向的拉应变、压应变各做 8 组负载的电磁参数信息和应变数据采集保存。为了避免随机误差，每组测试都重复测量 10 次。

7.3　输入阻抗表征法

7.3.1　天线传感器的输入阻抗与应变相关性分析

x 方向的不同等级应变下天线传感器的输入阻抗图如图 7-13 所示。图 7-13（a）展示了在拉应变情况下，随着拉应变逐渐增加，TM_{01} 模所对应的谐振频率 f_{01} 向左偏移，而 TM_{10} 模所对应的谐振频率 f_{10} 基本不变，输入阻抗曲线波谷处极小值变化明显且具有规律，当拉应变增加时，输入阻抗极小值向上移动。图 7-13（b）展示了在压应变情况下，随着压应变逐渐增大，TM_{01} 模所对应的谐振频率 f_{01} 向右偏移，而 TM_{10} 模所对应的谐振频率 f_{10} 基本不变，输入阻抗曲线波谷处极小值变化明显且具有规律，当压应变增加时，输入阻抗极小值向下移动。

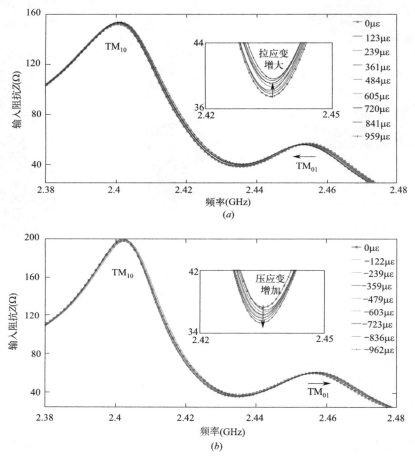

图 7-13　x 方向不同等级应变下的输入阻抗图
（a）拉应变；（b）压应变

y 方向的不同等级应变下的输入阻抗图如图 7-14 所示。图 7-14（a）展示了在拉应变情况下，随着拉应变逐渐增加，TM_{01} 模所对应的谐振频率基本不变，而 TM_{10} 模所对应的谐振频率 f_{10} 向左移动，输入阻抗曲线波谷处极小值变化明显且具有规律，当拉应变增加时，输入阻抗极小值向下移动。图 7-14（b）展示了在压应变情况下，随着压应变逐渐增大，TM_{01} 模所对应的谐振频率 f_{01} 基本不变，而 TM_{10} 模所对应的谐振频率 f_{10} 向右移动，输入阻抗曲线波谷处极小值变化明显且具有规律，当压应变增加时，输入阻抗极小值向上移动。

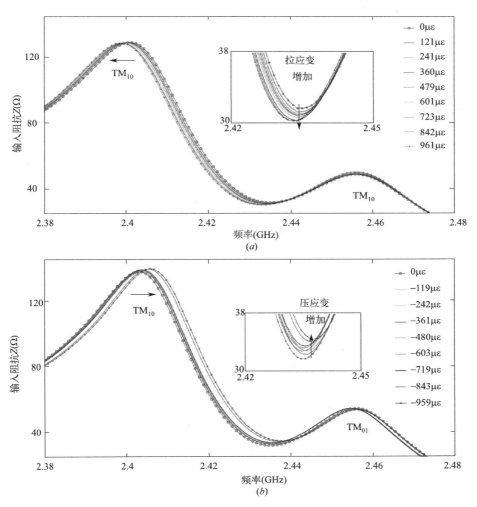

图 7-14　y 方向不同等级应变下的输入阻抗图
（a）拉应变；（b）压应变

为了避免随机误差，每组实验的每个应变等级都做 10 组重复实验，将 10 组重复实验的应变平均值和输入阻抗极小值的平均值列于表 7-2 和表 7-3。

x 方向应变平均值和输入阻抗极小值及其标准差　　　　　　　表 7-2

理论应变值 （$\mu\varepsilon$）	实验应变平均值 （$\mu\varepsilon$）	实验 Z_{min} 平均值（Ω）	实验 Z_n 平均值（ppm）	实验应变标准差 （$\mu\varepsilon$）	实验 Z_{min} 标准差
−960	−961.5	35.2	−54672.4	0.7	0.0239
−840	−836.1	35.5	−45546.6	0.4	0.0228
−720	−723.4	35.8	−37088.2	1.2	0.0214
−600	−603.2	36.1	−30984.0	0.6	0.0282
−480	−478.8	36.2	−26240.9	0.8	0.0245
−360	−359.4	36.3	−25130.8	0.1	0.0205

理论应变值 ($\mu\varepsilon$)	实验应变平均值 ($\mu\varepsilon$)	实验 Z_{min} 平均值(Ω)	实验 Z_n 平均值(ppm)	实验应变标准差 ($\mu\varepsilon$)	实验 Z_{min} 标准差
−240	−239.4	36.6	−16668.3	0.5	0.0239
−120	−122.4	36.9	−8920.6	1.1	0.0268
0	0.0	37.2	0	0.7	0.0272
120	123.4	37.6	9800.4	0.2	0.0258
240	238.7	37.8	15755.1	0.8	0.0316
360	361.1	38.0	21098.8	0.9	0.0257
480	483.5	38.5	32751.6	0.6	0.0261
600	604.6	38.7	41258.1	0.2	0.0283
720	720.4	38.9	44248.3	0.3	0.0289
840	841.4	39.2	53045.7	1.6	0.0227
960	959.1	39.4	59023.2	1.1	0.0313

y 方向应变平均测量值和输入阻抗极小值及其标准差　　　　表 7-3

理论应变值 ($\mu\varepsilon$)	实验应变平均值 ($\mu\varepsilon$)	实验 Z_{min} 平均值(Ω)	实验 Z_n 平均值(ppm)	实验应变标准差 ($\mu\varepsilon$)	实验 Z_{min} 标准差
−960	−959.4	34.5	85877.9	0.8	0.0135
−840	−842.6	34.1	74491.3	0.3	0.0259
−720	−719.1	33.5	55872.8	0.8	0.0168
−600	−602.6	33.3	49227.1	0.7	0.0140
−480	−480.4	33.2	46584.1	0.4	0.0226
−360	−361.2	32.9	33402.1	1.1	0.0183
−240	−241.6	32.8	35165.8	0.8	0.0146
−120	−118.9	32.3	19792.1	0.5	0.0186
0	0.0	31.7	0	0.2	0.0164
120	121.2	31.4	−7993.1	0.5	0.0227
240	240.5	31.1	−19745.9	0.7	0.0179
360	359.8	31.0	−22974.9	0.8	0.0195
480	478.5	30.9	−24729.9	1.2	0.0247
600	601.2	30.7	−31871.0	0.2	0.0148
720	722.6	30.5	−41610.5	0.2	0.0226
840	842.3	30.4	−45091.5	0.8	0.0255
960	961.4	30.3	−44375.7	0.1	0.0223

　　天线传感器产生不同方向的拉应变或者压应变时表现出的输入阻抗响应均不同。当金属材料产生应变时，通过观察天线传感器两个模 TM_{01} 和 TM_{10} 对应的谐振频率是否发生了偏移来判断应变的方向，方向判定完成后，可以通过谐振频率偏移方向或者输

入阻抗极小值的偏移方向来断定是拉应变或者压应变，应变的值通过输入阻抗极小值计算得出。若 TM_{01} 对应的谐振频率 f_{01} 发生了偏移，则应变方向为 x 方向，f_{01} 左移和输入阻抗极小值上移均能说明产生的是拉应变，相反，f_{01} 右移和输入阻抗极小值下移均能说明产生的是压应变；若 TM_{10} 对应的谐振频率 f_{10} 发生了偏移，则应变方向为 y 方向，f_{10} 左移和输入阻抗极小值下移均能说明产生的是拉应变，相反，f_{10} 右移和输入阻抗极小值上移均能说明产生的是压应变。以上规律和仿真规律一致。

7.3.2　应变灵敏度拟合公式

通过表 7-2 中实验测得的 x 方向的应变平均值和输入阻抗极小值的平均值，经过拟合，得到标准化输入阻抗和 x 方向应变之间的关系，如图 7-15 所示，标准化输入阻抗和 x 方向应变之间的拟合方程为 $Z_n = 59\varepsilon + 1839$，拟合优度 R^2 为 0.9942，说明两者之间的线性关系可靠。天线传感器在 x 方向感知应变的灵敏度为 59ppm/$\mu\varepsilon$，即在 x 方向上每增加 $1\mu\varepsilon$，输入阻抗极小值就会增加 59ppm。

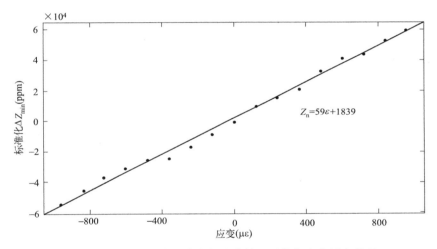

图 7-15　实验测试中 x 方向标准化输入阻抗与应变拟合关系

通过表 7-3 中实验测得的 y 方向的应变平均值和输入阻抗极小值的平均值，经过拟合，得到标准化输入阻抗和 y 方向应变之间的关系，如图 7-16 所示，标准化输入阻抗和 x 方向应变之间的拟合方程为 $Z_n = -71\varepsilon + 9538$，拟合优度 R^2 为 0.973，说明两者之间的线性关系可靠。天线传感器在 y 方向感知应变的灵敏度为 71ppm/$\mu\varepsilon$，由于 y 方向标准化输入阻抗和应变呈单调递减关系，即在 y 方向上每增加 $1\mu\varepsilon$，输入阻抗极小值就会减少 71ppm。

通过天线传感器的输入阻抗信息得到金属材料如铝板的应变流程如下：首先测量在无应变情况下的天线传感器的输入阻抗作为一个基准，再测得应变情况下的输入阻抗，将二者进行比较，若 f_{01} 偏移，则应变方向为 x 方向；若 f_{10} 偏移，应变方向为 y 方向。方向判断完成后，利用天线传感器输入阻抗和应变之间的线性关系，由实验测得的输入阻抗值反推出应变的大小（表 7-4）。

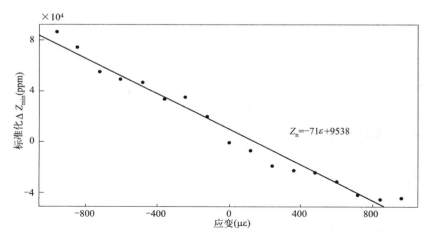

图 7-16 实验测试中 y 方向标准化输入阻抗与应变拟合关系

应变情况下天线传感器输入阻抗的变化 （以 0 应变为基准） 表 7-4

	$x_拉$	$x_压$	$y_拉$	$y_压$
TM_{10}	不变	不变	左移	右移
TM_{01}	左移	右移	不变	不变
Z_{min}	上移	下移	下移	上移
ε	$Z_n = 59\,\varepsilon + 1839(R^2 = 0.9942)$		$Z_n = -71\,\varepsilon + 9538(R^2 = 0.973)$	

7.3.3 天线传感器的线性度和稳定度

传感器的线性度是衡量传感器静态特性的指标，表征的是实验中测得的输入阻抗值与线性拟合曲线间的偏移程度，线性度值越小，表明传感器的线性特性越好。天线传感器输入阻抗表征法的线性度根据式（7-5）计算：

$$\delta = \frac{\Delta Z_{max}}{Z_{fs}} \times 100\% \tag{7-5}$$

式中 ΔZ_{max}——标准化输入阻抗的测量值与拟合曲线的最大偏差；

Z_{fs}——标准化输入阻抗的满量程输出值。

稳定度是指传感器在多次应变实验下，输入阻抗发生的变化，是衡量仪器性能的重要指标之一，稳定度的公式如下：

$$\delta_s = \frac{\Delta Z}{R} \times 100\% \tag{7-6}$$

式中 ΔZ——同一应变条件下 10 次重复实验输入阻抗的最大测试差值；

R——量程。

根据式（7-5）得到基于天线原理的传感器输入阻抗表征法的线性度为 24%，根据式（7-6）得到天线传感器输入阻抗表征法的平均稳定度为 2.6%，稳定度详细情况见表 7-5。

天线传感器输入阻抗表征法的稳定度　　　　　　　　　　　　　　　　表 7-5

理论应变值 ($\mu\varepsilon$)	x 拉稳定度 （％）	x 压稳定度 （％）	y 拉稳定度 （％）	y 压稳定度 （％）
0	2	2	2	2
120	2	0	1	3
240	1	5	3	7
360	1	3	9	0
480	0	0	2	2
600	2	5	6	0
720	8	2	3	1
840	3	1	2	2
960	1	4	5	0

　　综上，通过输入阻抗判定应变的大小和方向已经实现，见表 7-5，输入阻抗和应变之间的线性拟合度均不小于 0.973，线性度较高。由表 7-2 和表 7-3 列出的应变平均测量值和输入阻抗极小值及其标准差可以看出，标准差与平均值相比很小，误差在能接受的范围内，且传感器的线性度和稳定度较好，说明天线传感器具有较好的可靠性。

7.4　反射系数 S_{11} 表征法

　　实验测试了 x 方向拉应变、x 方向压应变、y 方向拉应变和 y 方向压应变不同应变等级下，天线传感器的反射系数 S_{11} 响应。为了保证实验数据的准确度，每个应变等级的应变和反射系数 S_{11} 均做 10 次重复实验，将实验数据保存进行分析。

7.4.1　天线传感器的反射系数 S_{11} 与应变相关性分析

　　天线传感器在 x 方向不同应变等级下的反射系数 S_{11} 如图 7-17 所示。图 7-17 展示了在拉应变情况下，随着拉应变逐渐增加，反射系数 S_{11} 高频率极小值 f_3 对应的频率向左偏移，反射系数 S_{11} 低频率极小值 f_1 对应的频率基本不变，反射系数 S_{11} 极大值变化明显且具有规律，当拉应变增加时，反射系数 S_{11} 极大值向下移动。图 7-18 展示了在压应变情况下，随着压应变逐渐增加，反射系数 S_{11} 高频率极小值 f_3 对应的频率向右偏移，反射系数 S_{11} 低频率极小值 f_1 对应的频率基本不变，反射系数 S_{11} 极大值变化明显且具有规律，当压应变增加时，反射系数 S_{11} 极大值向上移动。

　　天线传感器在 y 方向不同应变等级下的反射系数 S_{11} 如图 7-19、图 7-20 所示。图 7-19 展示了在拉应变情况下，随着拉应变逐渐增加，反射系数 S_{11} 低频率极小值 f_1 对应的频率向左偏移，反射系数 S_{11} 高频率极小值 f_3 对应的频率基本不变，反射系数 S_{11} 极大值变化明显且具有规律，当拉应变增加时，反射系数 S_{11} 极大值向上移动。图 7-20 展示了在压应变情况下，随着压应变逐渐增加，反射系数 S_{11} 低频率极小值 f_1 对应的频率向右偏移，反射系数 S_{11} 高频率极小值 f_3 对应的频率基本不变，反射系数 S_{11} 极大值变化明显且具有规律，当压应变增加时，S_{11} 极大值向下移动。

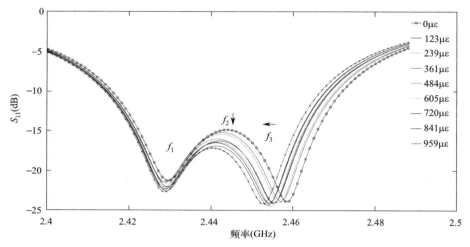

图 7-17 x 方向不同等级拉应变下的反射系数 S_{11} 图

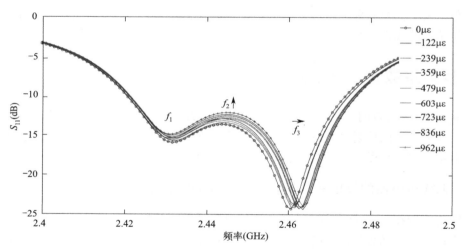

图 7-18 x 方向不同等级压应变下的反射系数 S_{11} 图

天线传感器在不同方向的拉应变或者压应变情况下表现出的反射系数 S_{11} 响应均不同。当金属材料产生应变时，通过观察反射系数 S_{11} 两个极小值对应的频率是否偏移来判断应变的方向，方向判定完成后，通过极小值对应的频率偏移方向或者反射系数 S_{11} 极大值的上移或下移来断定是拉应变还是压应变，应变值的大小通过反射系数 S_{11} 极大值推出。若反射系数 S_{11} 高频极小值 f_3 对应的频率发生了偏移，则应变方向为 x 方向，f_3 左移和反射系数 S_{11} 极大值下移均能说明产生的是拉应变，相反，f_3 右移和反射系数 S_{11} 极大值上移均能说明受到的是压应变；若反射系数 S_{11} 低频极小值 f_1 对应的频率发生了偏移，则应变方向为 y 方向，f_1 左移和反射系数 S_{11} 极大值上移均能说明产生的是拉应变，相反，f_1 右移和反射系数 S_{11} 极大值下移均能说明产生的是压应变。以上规律和仿真规律一致。

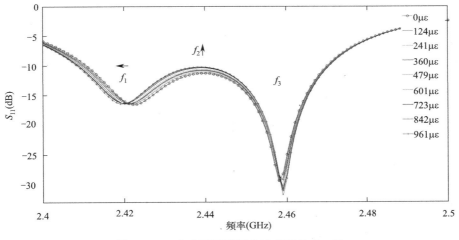

图 7-19　y 方向不同等级拉应变下的 S_{11} 图

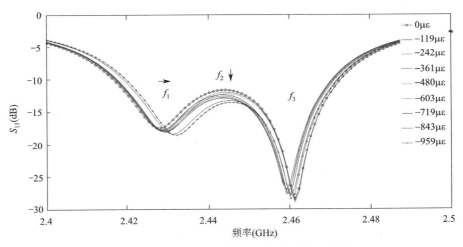

图 7-20　y 方向不同等级压应变下的 S_{11} 图

7.4.2　应变灵敏度拟合公式

通过实验测得的 x 方向的应变平均值和反射系数 S_{11} 极大值的平均值，经过拟合，得到标准化反射系数 S_{11} 极大值和 x 方向应变之间的关系，如图 7-21 所示，标准化反射系数 S_{11} 极大值和 x 方向应变之间的拟合方程为 $S_{11} = 141\varepsilon + 16520$，拟合优度 R^2 为 0.978，说明两者之间的线性关系可靠。天线传感器反射系数 S_{11} 表征法在 x 方向感知应变的灵敏度为 141ppm/$\mu\varepsilon$，即在 x 方向上每增加 1$\mu\varepsilon$，反射系数 S_{11} 极大值就会增加 141ppm。

通过实验测得的 y 方向的应变平均值和反射系数 S_{11} 极大值的平均值，经过拟合，得到标准化反射系数 S_{11} 极大值和 y 方向应变之间的关系，如图 7-22 所示，标准化反射系数 S_{11} 极大值和 y 方向应变之间的拟合方程为 $S_{11} = -140\varepsilon + 16710$，拟合优度 R^2 为

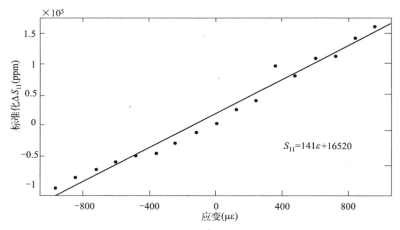

图 7-21 实验测得的 x 方向标准化反射系数 S_{11} 与应变拟合关系

0.9793，说明两者之间的线性关系可靠。天线传感器反射系数 S_{11} 表征法在 y 方向感知应变的灵敏度为 140ppm/$\mu\varepsilon$，由于 y 方向标准化反射系数 S_{11} 和应变呈单调递减关系，即在 y 方向上每增加 1$\mu\varepsilon$，反射系数 S_{11} 极大值就会减小 140ppm。

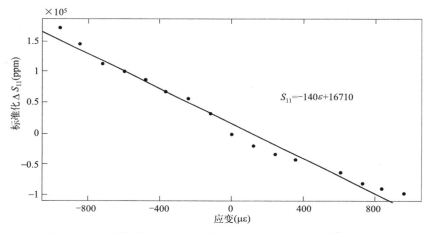

图 7-22 实验测得的 y 方向标准化反射系数 S_{11} 与应变拟合关系

通过天线传感器的反射系数 S_{11} 表征法得到金属材料如铝板的应变流程如下：首先测量在无应变情况下的天线传感器的反射系数 S_{11} 作为一个基准，再测得应变情况下天线传感器的反射系数 S_{11}，将二者进行比较，若高频极小值 f_3 对应的频率偏移，应变方向为 x 方向；若低频极小值 f_1 对应的频率偏移，则应变方向为 y 方向。方向判断完成后，利用天线传感器反射系数 S_{11} 和应变之间的线性关系，应变值的大小由测得天线传感器的反射系数 S_{11} 反推得到。

7.4.3 天线传感器的线性度和稳定度

同输入阻抗表征法的天线传感器的线性度和稳定度同理。反射系数 S_{11} 表征法线性度计算方法见式(7-7)，稳定度计算方法见式(7-8)。

$$\delta = \frac{\Delta S_{max}}{S_{fs}} \times 100\% \tag{7-7}$$

式中　ΔS_{max}——标准化反射系数 S_{11} 的测量值与拟合曲线的最大偏差；

　　　S_{fs}——标准化反射系数 S_{11} 的满量程输出值。

$$\delta_s = \frac{\Delta S}{R} \times 100\% \tag{7-8}$$

式中　ΔS——同一应变条件下 10 次重复实验反射系数 S_{11} 的最大测试差值；

　　　R——量程。

反射系数 S_{11} 表征法的天线传感器线性度计算得出为 18%，平均稳定度为 2.0%，详细稳定度计算结果见表 7-6。

天线传感器反射系数 S_{11} 表征法的稳定度　　　　　　表 7-6

理论应变值 ($\mu\varepsilon$)	x 拉稳定度 (%)	x 压稳定度 (%)	y 拉稳定度 (%)	y 压稳定度 (%)
0	2	2	2	2
120	4	2	2	2
240	0	0	0	7
360	1	0	7	0
480	0	1	8	0
600	0	6	0	1
720	2	2	0	6
840	0	0	0	2
960	4	2	2	1

综上，天线传感器通过反射系数 S_{11} 表征法判定应变的大小和方向已经实现，见表 7-7，天线传感器的反射系数 S_{11} 和应变之间的线性拟合度均不小于 0.978，线性度较高。与输入阻抗表征法相似，天线传感器实验测试的反射系数 S_{11} 数据的标准差与平均值相比很小，误差在能接受的范围内，且传感器的线性度和稳定度较好，说明天线传感器反射系数 S_{11} 表征法具有较好的可靠性。

应变情况下传感器反射系数 S_{11} 的变化（以 0 应变为基准）　　　　表 7-7

	x 拉	x 压	y 拉	y 压
f_1	不变	不变	左移	右移
f_2	下移	上移	上移	下变
f_3	左移	右移	不变	不变
ε	$S_{11} = 141\varepsilon + 16520 (R^2 = 0.978)$		$S_{11} = -140\varepsilon + 16710 (R^2 = 0.9793)$	

7.5　无线微带贴片天线传感器应用

7.5.1　天线传感器及在脱粘缺陷检测领域应用背景

混凝土结构在服役过程中由于环境、外力等的作用往往无法达到设计使用年限，使用高性能材料加固修复受损结构以延长结构使用寿命，同时节省重建成本、保护生态环境。碳纤维布加固技术（CFRP）较传统的加固技术具有强度高、效果好，加固后能显著提高结构耐腐性及耐久性，基本不增加结构自重和截面尺寸，柔性好、易于剪裁，可应用于各种结构类型和构件的加固，施工简便、工期短等优点，得到广泛的运用。

碳纤维材料织成碳纤维布后，很难保证其中的各碳纤维丝完全同时工作，在低荷载情况下，承受应力水平较高的碳纤维丝首先达到抗拉强度退出工作，此后各碳纤维丝逐渐断裂，直至整体破坏。胶粘剂的使用可有效保证碳纤维丝的共同工作，因此胶粘剂对 CFRP 布加固技术起关键作用，既保证碳纤维丝共同工作，又保证 CFRP 布与结构共同工作。因此 CFRP 布脱粘是导致加固失效的一大诱因，为保证加固质量，必须采取有效的检测手段对结构加固用 CFRP 布的界面粘结层进行检测。

7.5.2 天线传感器及在脱粘缺陷检测领域应用现状

目前对复合材料界面层的无损检测方法主要有射线、涡流、声发射、激光散斑、微波、太赫兹、超声和红外热成像等。射线检测设备复杂，对操作人员和安防要求严格。涡流法具有趋肤效应，仅能检测表面和近表面的缺陷，且检测不同工件需使用不同的线圈。声发射技术检测信号微弱且难以重复。激光散斑技术仅适用于近表面的检测。微波检测灵敏度受工作频率的限制，同样具有趋肤效应。太赫兹检测速度较慢，在狭小作业面操作不便。超声波检测需要通过耦合介质才能使声波射入被检物，显示结果不直观，对操作人员技术水平要求较高。红外热成像技术受环境因素影响较大。中国专利 CN109142396A 公布了一种碳纤维缠绕壳体脱粘缺陷的检测方法，使用 X 射线机对碳纤维缠绕壳体进行透照，该方法要求 X 射线束必须与检测面保持垂直，在狭小检测面和高处作业时十分不便，而且 X 射线机参数设定对测试的准确度影响较大。中国专利 CN112577933A 提供了一种界面脱粘的荧光检测法，该方法是在纤维增强材料生产过程中加入具有力学荧光响应特性的聚集诱导发光分子，以脱粘区域和未脱粘区域的变形差异使得聚集诱导发光分子在紫外辐射下发出不同的荧光，聚集诱导发光分子的加入增加了纤维增强材料的生产成本，且若被检测结构处于无荷载状态，变形很微小甚至不存在时，通过该方式检测脱粘缺陷有可能失效。

天线传感器作为天线和传感单元的统一体，具有体积小、结构简单、无须供能、应变灵敏度高、测试结果准确、易于结构表面共形、兼具收发信号和传感功能的特点，在 SHM 无线测量领域的应用潜力逐渐凸显。天线传感器缺陷检测的相关研究中，通过变形来进行检测时当缺陷的大小接近天线贴片长度时，贴片无传感信号。同时无法有效规避温度、湿度等因素对检测天线带来的影响。另天线传感器多采用有线测量，该方法布线复杂、成本高、测试复杂，难以实现恶劣气候环境下对大型工程的有效监测。而且在测量过程中射频线需与天线传感器端口时刻保持连接，但由于其具有一定刚度，在测量过程中射频线可能会对传感器产生一定的牵引或压迫力，影响传感器与待监测结构的胶结力，进而对传感器产生干扰。

7.5.3 无线微带贴片天线传感器及在脱粘缺陷检测领域的技术方案

本节提供了一种可用于碳纤维布层（CFRP）脱粘缺陷检测的无线微带贴片天线传感

器，该传感器粘贴在 CFRP 加固结构表面，能有效地感知 CFRP 布与加固结构间的粘结力变化，表现为天线谐振频率的变化，而且具有柔韧性好、尺寸可灵活调整、测试使用简便、误差影响小等优点，可紧密地粘贴到结构表面并且不会影响结构及材料的性能，进而实现覆盖整个 CFRP 加固结构的脱粘无损检测。

基于上述技术效果，技术方案如下：

提供一种无线微带贴片天线传感器，包括无线测量系统及传感信号接收系统用于实现信号的收发，上述传感器的特征在于，所述无线测量系统包括脱粘检测天线、误差天线及发射天线。

其中，所述误差天线由辐射贴片、介质板、接地板、馈电微带线、阻抗变换器、SAM 射频连接器组成，所述介质板为一端弯折的矩形平板，平板部分其中一面具有辐射贴片，另一面的对应位置设置接地板，所述弯折部分埋设馈电微带线，端部设置 SAM 射频连接器并通过射频电缆延迟线与发射天线相连；辐射贴片通过阻抗变换器与馈电微带线连接。脱粘检测天线与误差天线的区别在于不包括接地板，其余设置与误差天线相同。

贴片天线传感器可用于检测 CFRP 布与加固结构之间的脱粘缺陷，脱粘检测天线本身不设置接地板，而是以结构加固层 CFRP 布作为接地板。当 CFRP 布与加固结构间产生脱粘缺陷时，电导率突变迫使接地板的电流路径改变，进而导致天线传感器谐振频率、输入阻抗及 S_{11} 等的变化，通过实验可以得到缺陷大小和谐振频率、输入阻抗及 S_{11} 等的关系，由谐振频率、输入阻抗及 S_{11} 可反演缺陷大小。从而可不受缺陷大小的限制获取覆盖整个结构 CFRP 加固层的脱粘缺陷信息。该检测方式不依靠变形传感脱粘信号，避免了无变形情况下检测失效。

传感器中同时设置误差天线以规避温度、湿度等因素对脱粘检测天线带来的影响，由于误差天线与脱粘检测天线具有完全相同的参数，故在以上误差因素的作用下两者发生相同的变形产生相同的误差信号，而误差天线本身具有接地板不具备脱粘检测能力，因此，本发明获取的脱粘信号应为脱粘检测天线信号去除误差天线信号之外的信号，避免了温度、湿度等因素对检测结果的影响。而且通过射频电缆延迟线连接检测天线与发射天线组成的无线检测系统无须布线、测试位置不受限、成本低、射频器对传感器影响小，可有效弥补有线检测系统的弊端。

另外，介质板在馈电微带线处具有弯折，将传感器微带线处做折叠设计，可以避免 SAM 射频连接器造成传感器与 CFRP 结构粘贴不紧密以及测试位置受限。优选的方案中，所述弯折的角度为 $85°\sim95°$，具体实例为 $90°$。辐射贴片为导电材料，可采用金属导电材料，如铜箔、铝箔等，或采用金属导电浆料印刷涂覆于介质板上形成辐射贴片。介质板材质可为特氟龙、聚酰亚胺、环氧玻璃纤维布（FR4）、聚对苯二甲酸乙二酯（PET）、聚二甲基硅氧烷（PDMS）等。当采用金属导电材料作为辐射贴片时，辐射贴片通过胶粘剂粘贴在介质板表面。

另一种实施方式中，可直接采用覆铜板替代介质板与辐射贴片；该系列的实施方式中，所述脱粘天线不粘贴接地板或将覆铜板另一面的铜完全剥去。传感信号接收系统包括接收天线及网络分析仪，所述传感信号接收系统先接收误差天线信号，再接收脱粘检测天线信号，脱粘信号为脱粘检测天线信号减去误差天线信号的差值。网络分析仪为矢量网络分析仪，更进一步的，可采用手持式矢量网络分析仪。

7.5.4 无线微带贴片天线传感器制备方法

无线微带贴片天线传感器的制备方法包括如下步骤：根据"谐振腔模型"理论计算传感器的几何参数，包括辐射区域宽度 W、辐射区域长度 L 和介质板厚度 H；根据上述几何参数将辐射贴片、接地板、介质板裁剪成所需尺寸并进行粘结；将介质板的一端弯折并在弯折处埋设馈电微带线，前端焊接 SAM 射频连接器；通过阻抗变换器连接辐射贴片与馈电微带线，分别得到脱粘检测天线及误差天线，再通过射频电缆延迟线连接 SAM 射频连接器与发射天线。

根据"谐振腔模型"理论计算传感器辐射区域宽度 W、辐射区域长度 L 和介质板厚度 H，通过以下公式进行计算：

$$W = \frac{c}{2f}\left(\frac{\varepsilon_r + 1}{2}\right)^{-\frac{1}{2}} \tag{7-9}$$

$$L = \frac{\lambda}{2} - 2\Delta L = \frac{c}{af\sqrt{\varepsilon_{eff}}} - 2 \times 0.412H \frac{(\varepsilon_{eff} + 0.3)\left(\frac{W}{H} + 0.264\right)}{(\varepsilon_{eff} - 0.258)\left(\frac{W}{H} + 0.813\right)} \tag{7-10}$$

式中，介电常数 ε_r、介质板厚度 H 和谐振频率 f 由介质板的材料决定，通过公式(7-9)确定辐射区域的宽度，公式(7-10)确定辐射区域的长度，确定天线开槽尺寸及位置，得到无线微带贴片天线传感器的几何参数。

辐射贴片、接地板、介质板裁剪的具体方式包括手工雕刻、机械雕刻、印刷或化学蚀刻等方式。焊接 SAM 射频连接器时，SAM 射频连接器接头的引脚与馈电微带线末端接触并导通，令其法兰盘与接地板接触并导通，最后利用焊锡将其固定；进一步地，为了确认上述焊接效果，可以采用万用表检测导电性是否良好。

具体制备步骤范例：

1. 无线微带贴片天线传感器的设计

依据"谐振腔模型"理论计算天线的几何参数，COMSOL 仿真软件最终优化后的天线传感器辐射贴片长宽均为 40mm，天线开槽尺寸长为 2.5mm、宽为 1.5mm，介质板厚 0.787mm，误差天线接地板厚 17.5μm，馈电微带线长 18.25mm、宽 2.38mm，阻抗变换器长 26.8mm、宽 0.59mm，如图 7-23 所示。

2. 无线微带贴片天线传感器的雕刻

将 COMSOL 仿真软件中最终优化后的天线传感器几何模型另存为 .dxf 格式导入 Auto-CAD 软件，并对传感器的内外几何轮廓做闭合处理。将处理后的 CAD 模型信息导入雕刻机控制电脑上的 LPKF CircuitPro 2.3 软件中，并根据内置导航器的提示，设定基于 RT/duroid 5880 板材和处理系统的加工参数以及铜箔剥除区域。使用专用胶带将 RT/duroid 5880 介质板材平整地固定于雕刻机的工作台面上，首先利用 End mill 1mm/2mm 端面剥铜刀具剥去辐射区域之外和覆铜板背面的铜箔，然后使用 Universal cutter 0.2～0.5mm 通用刻线刀具雕刻表面绝缘刻线，最后使用 End mill long 1mm/2mm 刀具切割板材，得到平面脱粘检测天线（无接地板）。采用同一流程雕刻平面误差天线，雕刻误差天线无须剥去覆铜板背面的铜箔，在误差天线与 CFRP 加固层粘结面即接地板下表面涂覆聚氨酯绝缘漆，最终得到平面脱粘检测天线(无接地板)和平面误差天线。

层压覆铜板介质层厚 0.787mm，上下表面覆铜厚度 17.5μm。

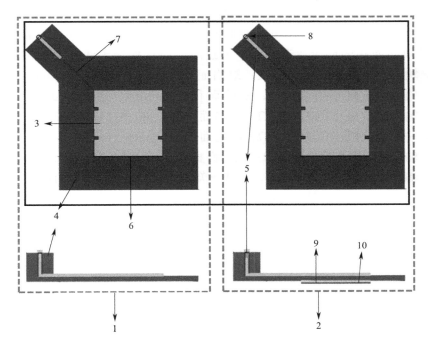

图 7-23　无线微带贴片天线传感器俯视与侧视示意图

1—脱粘检测天线；2—误差天线；3—辐射贴片；4—介质板；5—微带线；6—绝缘刻线；

7—阻抗变换器；8—SAM 射频连接器；9—误差天线接地板；10—绝缘涂层

3. 平面传感器的弯折

将平面脱粘检测天线(无接地板)和平面误差天线分别在馈电微带线处弯折 90°使之呈 L 形，在对 L 形馈电微带线的测试中，将馈电微电线的两个端口与 PNA 的两个端口连接检测散射参数，L 形馈电微带线与直线形馈电微带线相差很小，信号在入射端口处的反射率低于 19.95%，满足设计要求；两端口间的正向传输系数 S_{21}(以趋近 0dB 为优)，在测频范围内直线形和 L 形微带线分别为 -0.4dB 和 -0.9dB 左右，两者相差不大且均大于设计要求值 -3dB。由此证明 L 形馈电微带线对微带线的信号传输及阻抗匹配情况几乎无影响。

4. 焊接 SAM 射频连接器

将 SAM 射频连接器使用电烙铁与步骤 3 所得的 3D 传感器的微带线前端焊接，用万用表检测导电性是否良好。

5. 连接发射天线

将 SAM 射频连接器通过射频电缆延迟线与 LB-340-10-C 喇叭发射天线相连，最终得到无线微带贴片天线传感器。

制作 CFRP 试件并设置大小不同的人工缺陷，用射频线将 LB-340-10-C 喇叭接收天线与 KEYSIGHT N9926A 手持矢量网络分析仪连接，用解胶剂擦洗脱粘检测天线(无接地板)粘贴面和 CFRP 加固结构表面，用棉纱将其擦拭干净，将充分搅拌均匀的环氧树脂

AB 胶均匀地涂在无线微带贴片天线和 CFRP 加固结构待粘贴区域,沿单方向将气泡挤出。首先测量误差天线传感器的谐振频率,再测量脱粘检测天线(无接地板)信号,脱粘信号应为脱粘检测天线(无接地板)信号除去误差天线信号之外的信号;缺陷面积增加时,脱粘检测天线的谐振频率随之降低,但谐振频率偏移量随着缺陷面积的增加而增加;输入阻抗极小值随缺陷面积的增大逐渐增大。无缺陷时脱粘检测天线传感器的谐振频率为 1.88GHz,输入阻抗极小值为 44.1Ω;缺陷面积为 4mm^2(边长 2mm),谐振频率为 1.86GHz,输入阻抗极小值为 45Ω;缺陷面积为 16mm^2(边长 4mm),谐振频率为 1.83GHz,输入阻抗极小值为 45.3Ω;缺陷面积为 36mm^2(边长 6mm),谐振频率为 1.77GHz,输入阻抗极小值为 45.9Ω;缺陷面积为 64mm^2(边长 8mm),谐振频率为 1.73GHz,输入阻抗极小值为 46.2Ω;缺陷面积为 100mm^2(边长 10mm),谐振频率为 1.67GHz,输入阻抗极小值为 46.8Ω。无线感知距离为 80m 时,仍可读取脱粘信号。灵敏度为 −70.59ppm/mm^2(图 7-24)。

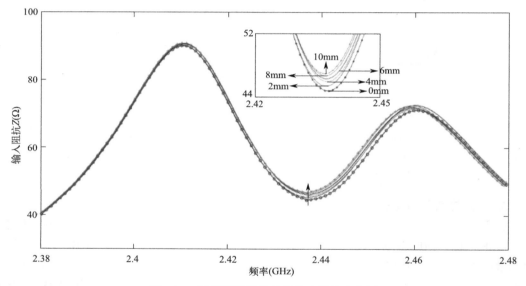

图 7-24　无线微带贴片天线输入阻抗变化图

7.5.5　无线微带贴片天线传感器及在脱粘缺陷检测领域的应用

无线微带贴片天线传感器用于 CFRP 布层与加固结构之间脱粘缺陷的检测,在该检测方法中,所述无线微带贴天线传感器中,脱粘检测天线的下表面与 CFRP 布层连接,以 CFRP 布层为接地板。误差天线与 CFRP 布层之间为绝缘状态,可行的方式包括在误差天线接地板下表面涂刷绝缘涂层。

CFRP 加固层脱粘缺陷的检测方法:将无线微带贴片天线传感器粘贴在 CFRP 加固结构表面,通过接收天线与网络分析仪连接组成的接收装置检测无线微带贴片天线谐振频率、输入阻抗及 S_{11} 等的变化情况。上述检测方法中,无线微带贴片天线传感器的尺寸可根据检测面积进行相应的调整。CFRP 加固层可以为任意包含 CFRP 加固层的建筑结构,包括但不限于房屋、桥梁或隧道。

目前检测 CFRP 加固结构脱粘缺陷的主要难点在于缺陷覆盖在 CFRP 布之下。微带贴片天线主要由辐射贴片、介质板和接地板三部分组成，接地板电导率的变化迫使接地板电流路径改变，引起天线谐振频率、输入阻抗及 S_{11} 等的变化，通过实验可以得到缺陷大小和谐振频率、输入阻抗及 S_{11} 等的关系，由谐振频率、输入阻抗及 S_{11} 可反演缺陷大小。

7.6　本章小结

本章进行了天线传感器应变监测实验的实验结果分析，将每次实验的 10 组重复性实验数据如输入阻抗、反射系数 S_{11} 和应变计算平均值，作为绘图值。本章第 1 节和第 2 节分别使用了天线传感器的两种电磁参数输入阻抗和反射系数 S_{11} 与应变建立关系，即介绍了两种应变表征法，输入阻抗表征法和反射系数 S_{11} 表征法。

以天线传感器的输入阻抗表征法为例，x 方向与 y 方向输入阻抗表征法的应变灵敏度分别为 $59\mathrm{ppm}/\mu\varepsilon$ 与 $71\mathrm{ppm}/\mu\varepsilon$，与第 5 章"力—磁"多物理场耦合仿真得到的两个方向灵敏的 $38\ \mathrm{ppm}/\mu\varepsilon$ 与 $50\mathrm{ppm}/\mu\varepsilon$ 稍有差距但是相近，这是因为仿真环境不能完全模拟实际测量环境情况，如 SMA 焊接工艺和实际环境中的温度变化就存在明显差别。

天线传感器的"反射系数 S_{11}—应变"曲线也同样出现了双模，x 方向与 y 方向反射系数 S_{11} 应变表征法的灵敏度分别为 $141\mathrm{ppm}/\mu\varepsilon$ 与 $140\mathrm{ppm}/\mu\varepsilon$。天线传感器的反射系数 S_{11} 表征法在保证高线性拟合度的同时还表现出优异的高线性灵敏度，远高于传统金属箔应变片灵敏度（约 $2\mathrm{ppm}/\mu\varepsilon$）及其他天线传感器的灵敏度（约 $99\mathrm{ppm}/\mu\varepsilon$），为基于天线原理传感器应用在金属材料应变监测领域增强了信心。

将无接地板微带贴片天线粘贴在 CFRP 加固结构上以结构加固层 CFRP 布作为接地板形成一个"结构—CFRP—介质板—辐射贴片"天线，当加固结构与 CFRP 布间脱粘时电导率发生突变进而引起天线谐振频率、输入阻抗及 S_{11} 等的变化，从而可不受缺陷大小的限制，实现对整个结构 CFRP 加固层的脱粘无损检测。而且通过射频电缆延迟线连接检测天线与发射天线组成的无线检测系统无须布线、测试位置不受限、成本低、射频器对传感器影响小，可有效弥补有线检测系统弊端。

参考文献

[1] Yi X, Cho C, Cooper J, et al. Passive wireless antenna sensor for strain and crack sensing—Electromagnetic modeling, simulation, and testing [J]. Smart Materials and Structures, 2013, 22 (8): 085009.

[2] Wan G C, Li M M, Yang Y L, et al. Patch-antenna-based structural strain measurement using optimized energy detection algorithm applied on USRP [J]. IEEE Internet of Things Journal, 2020, 8 (9): 7476-7484.

[3] Cho C, Yi X, Li D, et al. Passive wireless frequency doubling antenna sensor for strain and crack sensing [J]. IEEE Sensors Journal, 2016, 16 (14): 5725-5733.

[4] Lopato P, Herbko M. A circular microstrip antenna sensor for direction sensitive strain evaluation [J]. Sensors, 2018, 18 (1): 310.

[5] Zhang J, Tian G Y, Marindra A M J, et al. A review of passive RFID tag antenna-based sensors and systems for structural health monitoring applications [J]. Sensors, 2017, 17 (2): 265.

［6］ Yi X，Wu T，Wang Y，et al. Sensitivity modeling of an RFID-based strain-sensing antenna with dielectric constant change ［J］. IEEE Sensors Journal，2015，15（11）：6147-6155.

［7］ Gregori A，Di E，Di A，et al. Presenting a new wireless strain method for structural monitoring：experimental validation ［J］. Journal of Sensors，2019，2019：1-12.

［8］ Zhang Y，Bai L. Rapid structural condition assessment using radio frequency identification（RFID）based wireless strain sensor ［J］. Automation in Construction，2015，54：1-11.

［9］ Yi X，Wang Y，Tentzeris M M，et al. Multi-physics modeling and simulation of a slotted patch antenna for wireless strain sensing ［J］. Structural Health Monitoring，2013：1857-1864.

［10］ Li D，Wang Y. Thermally stable wireless patch antenna sensor for strain and crack sensing ［J］. Sensors，2020，20（14）：3835.

［11］ Gasco F，Feraboli P，Braun J，et al. Wireless strain measurement for structural testing and health monitoring of carbon fiber composites ［J］. Composites Part A：Applied Science and Manufacturing，2011，42（9）：1263-1274.

［12］ Wan G，Kang W，Wang C，et al. Separating strain sensor based on dual-resonant circular patch antenna with chipless RFID tag ［J］. Smart Materials and Structures，2020，30（1）：015007.

［13］ Mascarenas D，Flynn E，Todd M，et al. Wireless sensor technologies for monitoring civil structures ［J］. Sound and Vibration，2008，42（4）：16-21.

［14］ Yi X，Cho C，Fang C H，et al. Wireless strain and crack sensing using a folded patch antenna ［C］//2012 6th European Conference on Antennas and Propagation（EUCAP）. IEEE，2012：1678-1681.

［15］ Ozbey B，Erturk V B，Demir H V，et al. A wireless passive sensing system for displacement/strain measurement in reinforced concrete members ［J］. Sensors，2016，16（4）：496.

［16］ Liu Z，Chen K，Li Z，et al. Crack monitoring method for an FRP-strengthened steel structure based on an antenna sensor ［J］. Sensors，2017，17（10）：2394.

［17］ Annamdas V G M，Soh C K. Load monitoring using a calibrated piezo diaphragm based impedance strain sensor and wireless sensor network in real time ［J］. Smart Materials and Structures，2017，26（4）：045036.

［18］ Daliri A. Development of microstrip patch antenna strain sensors for wireless structural health monitoring ［D］. RMIT University，2011.

［19］ Jeong Y R，Kim J，Xie Z，et al. A skin-attachable，stretchable integrated system based on liquid GaInSn for wireless human motion monitoring with multi-site sensing capabilities ［J］. NPG Asia Materials，2017，9（10）：e443.

［20］ Mc G K，Anandarajah P，Collins D. Proof of concept novel configurable chipless RFID strain sensor ［J］. Sensors，2021，21（18）：6224.

［21］ Chen K，Zhao Z，Bao H. Effective optical fiber sensing method for stiffened aircraft structure in nonlocal displacement framework ［J］. IEEE Sensors Journal，2024.

［22］ Wan G，Li M，Zhang M，et al. A novel information fusion method of RFID strain sensor based on microstrip notch circuit ［J］. IEEE Transactions on Instrumentation and Measurement，2022，71：1-10.

［23］ Ledet E H，D lima D，Westerhoff P，et al. Implantable sensor technology：from research to clinical practice ［J］. JAAOS-Journal of the American Academy of Orthopaedic Surgeons，2012，20（6）：383-392.

［24］ Ferreir P M，Machado M A，Carvalho M S，et al. Embedded sensors for structural health monitoring：methodologies and applications review ［J］. Sensors，2022，22 (21)：8320.

［25］ Ong K G，Wang J，Singh R S，et al. Monitoring of bacteria growth using a wireless，remote query resonant-circuit sensor：application to environmental sensing ［J］. Biosensors and Bioelectronics，2001，16 (4-5)：305-312.

［26］ Ma E，Lai J，Wang L，et al. Review of cutting-edge sensing technologies for urban underground construction ［J］. Measurement，2021，167：108289.

［27］ Ong K G，Bilter J S，Grimes C A，et al. Remote query resonant-circuit sensors for monitoring of bacteria growth：application to food quality control ［J］. Sensors，2002，2 (6)：219-232.

［28］ Li X，Tan Q，Qin L，et al. Novel surface acoustic wave temperature-strain sensor based on LiNbO$_3$ for structural health monitoring ［J］. Micromachines，2022，13 (6)：912.

［29］ Kong X，Li J，Bennett C，et al. Numerical simulation and experimental validation of a large-area capacitive strain sensor for fatigue crack monitoring ［J］. Measurement Science and Technology，2016，27 (12)：124009.

［30］ Li H N，Ren L，Jia Z G，et al. State-of-the-art in structural health monitoring of large and complex civil infrastructures ［J］. Journal of Civil Structural Health Monitoring，2016，6：3-16.

［31］ Salim A，Lim S. Recent advances in noninvasive flexible and wearable wireless biosensors ［J］. Biosensors and Bioelectronics，2019，141：111422.

［32］ Xu Y，Wu X，Guo X，et al. The boom in 3D-printed sensor technology ［J］. Sensors，2017，17 (5)：1166.

［33］ Lai J，Qiu J，Fan H，et al. Fiber bragg grating sensors-based in situ monitoring and safety assessment of loess tunnel ［J］. Journal of Sensors，2016，2016.

［34］ Pyo S，Lee J，Bae K，et al. Recent progress in flexible tactile sensors for human-interactive systems：from sensors to advanced applications ［J］. Advanced Materials，2021，33 (47)：2005902.

［35］ Zhang Q，Bossuyt F M，Adam N C，et al. A stretchable strain sensor system for wireless measurement of musculoskeletal soft tissue strains ［J］. Advanced Materials Technologies，2023：2202041.

［36］ Hu X，Wang B，Ji H. A wireless sensor network-based structural health monitoring system for highway bridges ［J］. Computer-Aided Civil and Infrastructure Engineering，2013，28 (3)：193-209.

［37］ Kong X，Li J，Collins W，et al. A large-area strain sensing technology for monitoring fatigue cracks in steel bridges ［J］. Smart Materials and Structures，2017，26 (8)：085024.